法式新懷舊娃娃屋
紙藤帶的微縮世界

村田 美穗

DESIGNER'S PROFILE

村田 美穂 Miho Murata - 現居日本東京 -

2008年以紙藤帶作家的身分展開活動。
創作的袖珍模型‧可愛輕熟自然風的草編包等
作品,陸續發表於紙藤帶、紙藤編織作品集
中。特別是極富韻味、帶有仿舊風格的「新懷
舊少女風」迷你造景模型,品味出眾的獨特世
界觀透過SNS社群媒體,不僅在日本擁有高人
氣,也深受海外手作迷的喜愛。本書為其最新
著作,現正好評發售中。
★D* taste紙藤帶袖珍模型®講座主理人

Blog
https://dtaste-zakka.com/

Instagram
d_taste.dami

Prologue

初次見面，大家好。

我是使用紙藤帶製作袖珍模型及草編包的手作家。

由於特別喜歡自然鄉村、法式優雅風格，

以及中古老件質感的室內家飾，

因此設計時就彷彿在暢遊南法或北歐等國家一般，

截取了建築物或各種情境作為素材進行創作。

從 2008 年開始以紙藤帶作家的身分活動，

主要是製作草編包或收納小物之類。

某次為了幫洋娃娃製作尺寸適合的小提籃，

以此為契機，感受到了使用紙藤帶製作房間與家具的魅力，

因而發表了迷你模型世界一角的

「迷你袖珍屋」作品。

紙藤帶可以隨意裁剪成想要的寬度，

輕鬆黏貼、編織、上色，

配合天馬行空的想法進行創作設計。

請開啟「使用紙藤帶打造微縮世界」的寶箱，

盡情感受箇中樂趣吧♫

村田 美穗

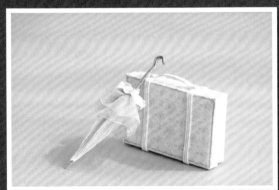

關於刊載作品的尺寸

本書收錄的作品皆為袖珍模型尺寸。小小的家具及雜貨，全部都是能平放在手掌上或指尖上的大小。不論是作為居家擺飾，或是當作娃娃屋的背景來搭配組合都令人感到樂趣無窮。作為基底的房屋縮小比例則各有不同。此外，雖然是以基底為準，視整體的平衡感來決定家具或小物的比例，但整體而言會作得稍微大一些。

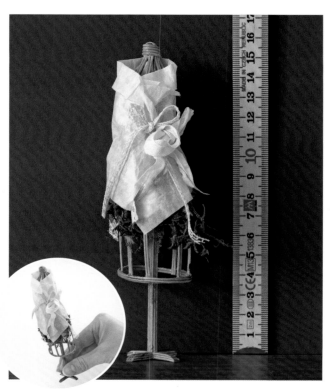

CONTENTS

P.4
巴黎的花店

P.6
薔薇袖珍屋

P.8
南法餐廳一角

P.10
北歐的鄉村風家飾

P.12
工業風個性宅

P.14
老件衣箱陳列擺飾

P.16
法式新懷舊少女風格

P.18
古物&綠意

P.20
使用椅子、A字梯
打造袖珍花園

巴黎的花店
Florist in Paris

將時尚的巴黎花店重現於袖珍模型的世界。
以大片櫥窗為概念設計的花店門面前,在沉穩色調的壁面與地板襯托下,
使白色為基調的花朵顯得更為美麗出眾。
背面則是以象牙白牆壁呈現明亮的店內氛圍,
運用乾燥花束及薄紗作為點綴,營造出懷舊質感的印象♪

作法 >>> P.31

白月光（向日葵）

海芋

鈴蘭

木箱

鬱金香

薔薇

飛燕草

澆花器

安娜貝爾
（繡球花）

卡薩布蘭加
（香水百合）

美麗的花朵全都是以紙藤帶製作而成。設計成
以大、中、小1/4圓形層板構成的 3層花台，可
以立體的陳列展示花朵。筆直伸長的樹枝、綠
植吊飾與相框，分別配置在左右兩側，增添視
覺上的律動感。

背面

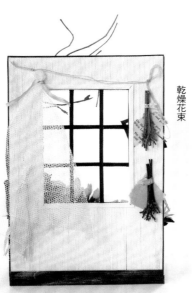

乾燥花束

綠植吊飾

相框

2 薔薇袖珍屋
The room with roses

以中世紀歐洲風格的半圓拱形窗戶為重點特色的薔薇袖珍屋。
壁紙與斗櫃使用了淡淡的藍灰色調營造出女孩風柔美的爛漫印象。
外側（背面）的牆壁上，則是以纏繞著淡粉色蔓性薔薇的鐵藝窗花為裝飾。

作法 >>> P.38

椅子
相框
花束
斗櫃

鏡子
桌燈
吊籃
小冊子

背面

鐵藝窗花
蔓性薔薇

歐式湯盅

洋溢雅致少女風的薔薇袖珍屋。當成花器使用,盛滿白薔薇的歐式湯盅、裝飾在窗邊的吊籃、置於白色椅子上的花束等,全部都是以紙藤帶精心打造而成。只要再放入一面大鏡子,美麗的倒影將會營造出令人沉浸於袖珍世界的美妙氛圍。

3 南法餐廳一角
The dining room in the south of France

宛如截取南法一景的袖珍世界。
置於餐廳裡的餐具櫃,特地設計成廣泛運用於日常生活中的狀態,
不僅僅是餐具櫃、也是書櫃,甚至還充當展示架等。
杯子＆托盤、蛋糕、調味料等擺放在上方層架,食譜及書本等則收納在下方。
由於門片可以隨意開關,讓裝飾的樂趣更添豐富變化呢♪

作法 >>> P.46

餐具櫃

藤籃

木箱

餐盤

馬克杯

調味料瓶

餐碗

食物罩

蛋糕

長凳

圍裙

杯子＆托碟

醬料盅

橘子

書本

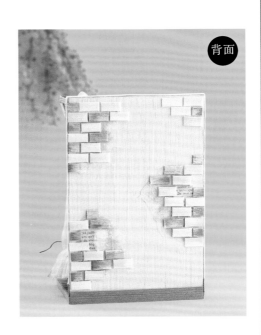

背面

雖然只是簡單的L形壁面與地板組合，但透過製作房樑來點綴窗簾，藉以詮釋出房間的寬闊感。以所有人都憧憬的米白色餐具櫃為主，置於長凳上的圍裙，上演著真實的生活感。外牆上黏貼了撕開的濾紙及仿舊外文書紙片後，再隨意加上磚塊即可。

南法餐廳一角

4 北歐的鄉村風家飾
North European natural interior

將蔚為風潮的北歐風居家布置,透過袖珍模型的世界來表現。
沉穩寧靜感的藍色儲物櫃裡,收納了迷人的香草花束及瓶子等。
儲物櫃的門可以開關,能夠自由更換棚架上的雜貨,亦為其魅力所在。

作法 >>> P.53

木箱

彩繪瓷盤

雙開立櫃

安娜貝爾（繡球花）

椅子

色調沉靜雅致的雙開立櫃前，老舊的深口籃作為毛巾收納籃使用。房間牆壁上裝飾著彩繪瓷盤。隨手擺放的簡單椅子上，馬口鐵的高筒花盆裡點綴著名為安娜貝爾的繡球花，營造出自然氛圍。背面的牆壁上則是以起居室為概念，飾以眾多相框♪

印花飾板

薰衣草

瓶子

平口籃

木箱

深口籃

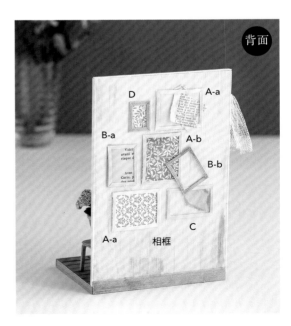

背面

D

A-a

B-a

A-b

B-b

A-a

C

相框

以「工業設計」元素為主的工業風個性宅。

牆壁作成帶有粗糙刮痕的水泥質感，營造粗獷印象，

刻意挑選無機金屬或帶有使用感的家具等，強調男性特質的雜貨。

以開放式陳列裝飾著個人興趣的相機，點綴帽子與皮靴，將生活氛圍表現得淋漓盡致。

作法 >>> P.60

飾板
黑膠唱片
黑膠唱盤
唱片
相機
馬克杯
桌子
皮靴

A字梯
帽子

以完全外顯的開放式收納,陳列架上的相機,雖然作法相同,但只要變化顏色區塊及鏡頭大小,就能呈現機種的差異。藉由唱片或黑膠唱盤等物,透露出屋主興趣之廣泛,讓想像的世界更添樂趣。外牆則是以剝落的磚塊為意象,在視覺上營造出復古氛圍。

抽屜櫃
置物櫃
唱片
觀葉植物
相框

背面

6 老件衣箱陳列擺飾
Vintage trunk display

將英國及德國等地區長久使用的老件衣箱，重現於袖珍世界。
透過置於外牆與屋內行李衣箱＆雜貨的設計，
完美演繹出將舊物融入生活風格中的氛圍。

作法 >>> P.66

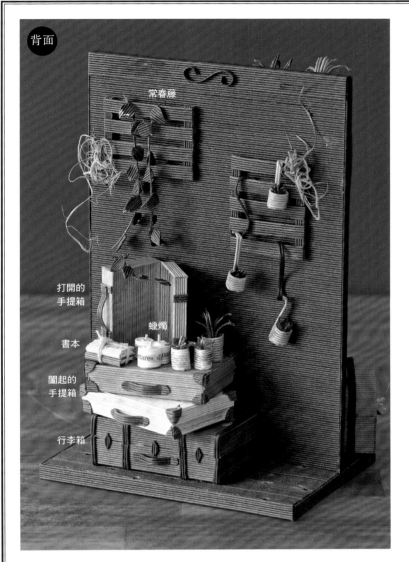

背面

常春藤

打開的
手提箱

蠟燭

書本

闔起的
手提箱

行李箱

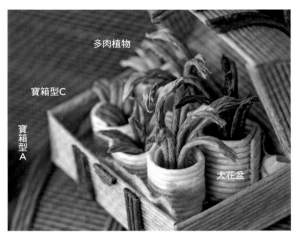

多肉植物

寶箱型C

寶箱型A

大花盆

衣箱基本上作法相同，只要利用顏色、五金釦具的形狀、尺寸等變化，即可營造出老件衣箱的獨特風情。深色外牆以鳥籠及綠植搭配，作為花園的設計布置。屋內側則是以格柵飾板、花盆、多肉植物、蠟燭、書本等，打造出古典雅緻的氛圍。

多肉植物

花盆

葉子

寶箱型B

多肉植物

格柵飾板

花盆

7 法式新懷舊少女風格
French shabby chic display

完成甜美空間的法式新懷舊少女風可愛居家設計。
以象牙白為基調的牆壁、桌子、全身鏡，
再妝點洋溢女孩柔美風情的各種時髦小物。

作法 >>> P.73

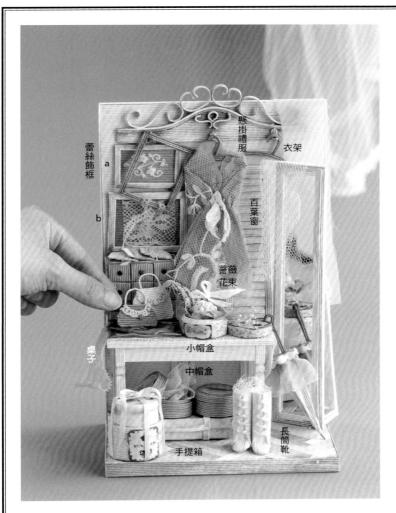

蕾絲飾框
a
b
懸掛禮服
衣架
百葉窗
薔薇花束
桌子
小帽盒
中帽盒
手提箱
長筒靴

蕾絲繞線板
迷你抽屜櫃
迷你提包

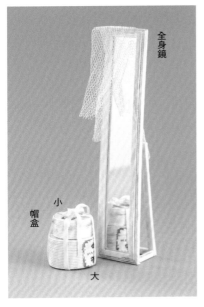

全身鏡
小
帽盒
大

洋傘

背面

以迷你抽屜櫃和蕾絲飾框等物，添加幾許淡淡的色彩，使整體空間呈現出少女風格的甜蜜印象。無論是花朵圖案的手提箱，或是在白色長筒靴繫上蕾絲等，集結了可愛又時尚的小物。

17

8 古物＆綠意
Antique and green

在單調的窗戶外，放置一台古董縫紉機與人形模特架，
打造結合古物＆綠意的袖珍模型世界。
長出青苔的縫紉機台上，放置了花盆及線軸等小物，
並且時髦地妝點薄葉紙與絲帶，巧妙地布置一番♪

作法 >>> P.82

18

花盆

縫紉機

線軸與剪刀

提籃

縫紉機桌台

書本

花盆

書桌

鐵藝屏風

吊燈

椅子

老舊縫紉機台與人形模特架的組合，再加上花盆與線軸等小物，營造成工作室的風格。利用薄葉紙及絲帶，在人形模特架上構成禮服般的時尚布置。窗戶內側安裝了吊燈、配置書桌＆椅子，再飾以書本，設計出文青感的讀書空間。

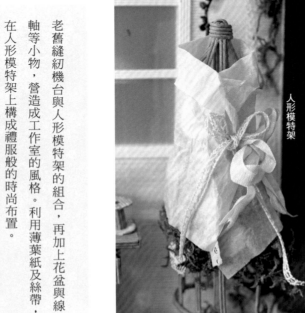

人形模特架

背面

19

使用椅子、A字梯打造袖珍花園
Garden with chairs and stepladders

匯集各種造型的椅子及A字梯，打造而成的袖珍花園。
即便只是將8種椅子&A字梯並排，也能拓展令人雀躍期待的袖珍世界。
不妨在小小的花園裡擺上一張椅子或A字梯，並且添加充滿故事性的小物吧！

作法 >>> P.90

20

⑨

粉紅色
薔薇花束

⑩

紅色
薔薇花束

⑪

組合盆栽

⑫

滿天星
乾燥花束

⑬

薰衣草花束

⑭

組合盆栽

⑮

油漆罐

常春藤

油漆刷

⑯

含羞草
花圈

紅酒瓶與提籃

一邊想像各式各樣的場景，一邊
在小小的椅子及A字梯上飾以小
物或組合植栽♪
試著上演一幕自己最喜愛的舞台
場景吧！

各式家具

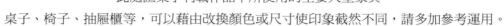

此處匯集了刊載作品中所使用的主要大型家具。
桌子、椅子、抽屜櫃等，可以藉由改換顏色或尺寸使印象截然不同，請多加參考運用。

長凳（P.8）

桌子（P.16）

雙開立櫃（P.10）

書桌（P.19）

桌子（P.12）

餐具櫃（P.8）

全身鏡（P.16）

迷你抽屜櫃（P.16）

置物櫃（P.12）

百葉窗（P.16）

抽屜櫃（P.12）

斗櫃（P.6）

鏡子（P.6）

椅子（P.10）

椅子（P.19）

椅子（P.6）

縫紉機桌台（P.18）

人形模特架（P.18）

椅子（P.21）

椅子（P.21）

椅子（P.21）

椅子（P.21）

椅子（P.21）

A字梯（P.21）

椅子（P.21）

椅子（P.21）

椅子（P.21）

各 種 雜 貨

以下介紹的物品，是在數個主題情景中共用的裝飾小物。

令人滿心雀躍的雜貨、食品、籃子、手提包等……

蔷薇＆吊籃（P.6）

蔷薇（P.4）

飛燕草（P.4）

平口籃＆薰衣草
（P.10）

澆花器（P.4）

蛋糕（P.8）

木箱（P.8）

書本（P.19）

深口籃（P.10）

調味料瓶（P.8）

洋傘（P.16）

迷你提包（P.16）

藤籃（P.8）

帽盒＆蔷薇花束
（P.16）

線軸＆剪刀（P.18）

裝 飾 方 法 應 用 篇

介紹如何運用刊載作品中的雜貨小物來裝飾的應用篇。

無論壁面裝飾或擺飾，都是初學者也能成功挑戰的小創意。

小小的層架上，將 P.20「袖珍花園」的 A 字梯與盆栽加以組合後，再搭配插入鮮花的小玻璃瓶。

只是放上 P.10「北歐的鄉村風家飾」的雙開立櫃，再加上馬口鐵吊牌即完成。

於玄關的層架上，飾以 P.20「袖珍花園」的椅子庭園與紅酒提籃。

材料 & 工具

介紹製作作品必要的基本材料與工具。

♔ 材料

蛙屋　紙藤帶（10 m／卷・50 m／卷）

12股寬
約1.3～1.5cm

寬度可能會依顏色不同而有些許差異。

所謂的「紙藤帶」是將12條（12股）細長紙繩排列成束，上漿黏合成一條平坦帶狀的手工藝用紙繩帶。由於能夠輕鬆地縱向分割，因此可以自由調整紙藤帶的寬度。請確認作品所需股數與長度，依圖示裁剪。

＊紙藤帶的分割方法

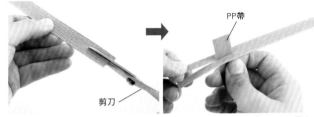

剪刀

PP帶

紙藤帶先以剪刀在邊端剪出2至3cm的牙口，再利用PP帶（打包帶）輕鬆分割即可。

♔ 工具

＊切割墊　　　　　　　　＊透明文件夾＆製圖用方格紙

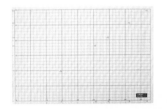

①製圖用方格紙／A3尺寸
②鏡面板／A4尺寸
③厚紙板／A4尺寸
　（基底＝2mm・
　基底、家具＝1mm）
④0.3mm的透明PP板／
　A5尺寸
⑤0.3mm的半透明PP板／
　A5尺寸（磨砂款）

諸如將直、橫紙繩排列成水平或直角，以及在中央處作記號等作業上非常方便的工具。使用白膠及美工刀時，亦可防止破壞、弄髒作業台面。此外，需要在途中移動作業場所時也相當輕鬆便利。亦可將製圖用方格紙夾在透明文件夾中，代替切割墊使用。

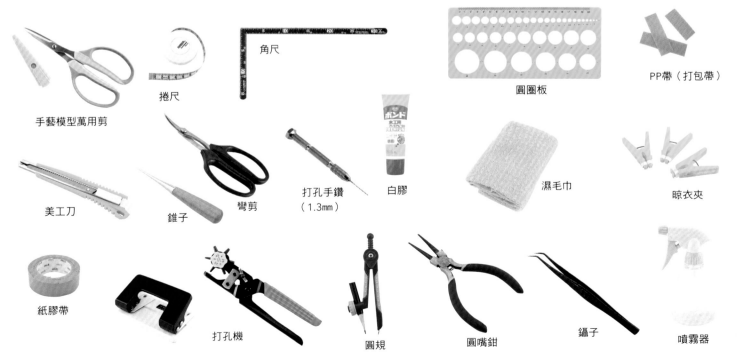

手藝模型萬用剪　　捲尺　　角尺　　　　　　　圓圈板　　PP帶（打包帶）

美工刀　　錐子　　彎剪　打孔手鑽　白膠　　濕毛巾　　晾衣夾
　　　　　　　　　　　（1.3mm）

紙膠帶　　打孔機　　圓規　　圓嘴鉗　　鑷子　　噴霧器

♛ 繪圖材料・工具與上色方法

＊材料

壓克力顏料
①白色
②生褐色
③灰藍色
④金屬金色
⑤金屬銀色
※雖然有3種類型的壓克力顏料，但使用方法皆同。

＊工具

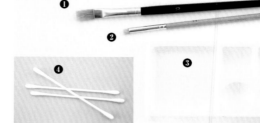

❶筆刷（大）
❷筆刷（小）
❸調色盤
❹棉花棒

＊繪圖
＜薄塗顏料 ②＞

擠出少量②壓克力顏料於調色盤上，以筆刷沾水推散。

從完成作品的邊角處往內側塗刷，再以濕紙巾等暈染開來。

印刷紙張等紙製品，則是在紙上薄薄地塗刷。

＜薄塗顏料 ①＞

輕塗

同步驟 1 的作法，推散水中的不透明顏料後，用小筆刷在百葉窗葉片的邊端塗抹深色，畫出漸層感。

＜少量塗抹顏料 ②＞

不透明顏料不必溶於水，直接以小筆刷一點一點輕碰似的局部塗刷。

＜少量塗抹顏料 ④＞

同步驟 5 的作法，改以棉花棒一點一點輕碰似的局部塗抹。

＜以油性筆少量塗抹＞

紅色油性筆在葉尖處一點一點輕碰似的局部點塗上色。

♛ 窗緣・窗框的作法

例）＊紙藤帶的裁剪片數，如④窗緣、⑤窗框、⑥窗框、⑦窗框的解說所示。

＊窗緣

內側

內側

④

黏貼窗緣。於窗戶內側，有如隱藏厚紙板的截面般，一邊裁剪窗緣一邊以白膠黏貼。

＊倒角框

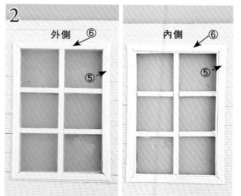

外側 ⑥

內側 ⑥

⑤

於窗戶的外側與內側黏貼倒角框。將⑤・⑥的窗框邊角裁剪成45度，拼接之後以白膠黏貼。

＊直角框

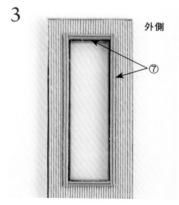

外側

⑦

於窗戶的外側與內側黏貼直角框。將⑦的窗框邊角拼接成直角，一邊裁剪一邊以白膠黏貼。

26

基礎技法

本單元將解說在作為情景基底的牆壁、窗戶、家具等厚紙板或製圖用方格紙上，
黏貼紙藤帶、PP 板的順序及基本的黏合方法。

♛ 牆壁的基底作法

例） ＊紙藤帶的裁剪片數，如①牆壁、②牆壁的解說所示。

1 外側

於厚紙板（2mm）畫上窗戶或門口位置，以美工刀裁切。

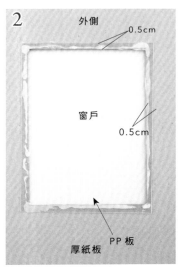

2 外側 0.5cm / 0.5cm

將PP板黏貼於窗戶上。在步驟1厚紙板的窗戶周圍塗抹白膠，對齊窗戶中央黏貼。※PP板以外圍0.5cm對齊塗膠處黏貼。

3 外側

厚紙板均勻塗抹白膠，由窗緣往紙板邊緣處，一邊裁剪①牆壁一邊依照⇕的指示方向毫無間隙地緊密黏貼。黏貼 12 股寬的紙藤帶後，剩餘的空隙部分則是以分割的紙藤帶黏貼補足。

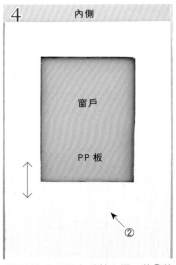

4 內側

於厚紙板內側均勻塗抹白膠，將②牆壁依照⇕的指示方向毫無間隙地緊密黏貼，空隙部分則是以分割的紙藤帶黏貼補足。完成牆壁的基底。

♛ 地板的基底作法

例） ＊紙藤帶的裁剪片數，如③地面的解說所示。

＊5 層的基底

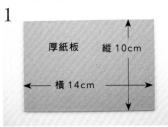

1 厚紙板 縱 10cm / 橫 14cm

厚紙板（2mm）依圖示尺寸裁出 2 片。

2 厚紙板 / 厚紙板 / 2 層

步驟 1 的 2 片厚紙板疊放，以雙面膠黏合。成為 2 層的底板。

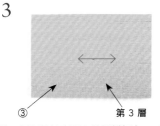

3 ③ / 第 3 層

第 3 層則是於步驟 2 的厚紙板上，一邊裁剪③地面的紙藤帶，一邊水平（指定方向）並排，以白膠緊密黏貼。

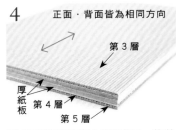

4 正面·背面皆為相同方向 / 第 3 層 / 厚紙板 第 4 層 / 第 5 層

第 4 層則是將步驟 3 翻至背面，將剩餘的③地面以垂直方向黏貼。第 5 層方向同第 3 層，毫無間隙地黏貼後，即完成 5 層的基底。

＊4 層的基底

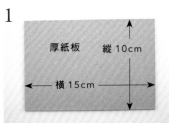

1 厚紙板 縱 10cm / 橫 15cm

厚紙板（2mm）依圖示尺寸裁剪。

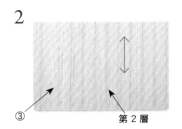

2 ③ / 第 2 層

於步驟 1 的厚紙板上，一邊裁剪③地面的紙藤帶，一邊垂直（指定方向）並排，以白膠毫無間隙地緊密黏貼。

3

第 3 層則是將步驟 2 翻至背面，以水平方向黏貼第 3 層，第 4 層方向同第 2 層，毫無間隙地黏貼。※依據地板的紋路，也有第2·3層方向一致，第4層改變方向黏貼的情況。

4 正面·背面皆為相同方向 / 第 2 層 / 厚紙板 第 3 層 / 第 4 層

👑 切牙口

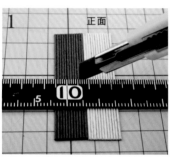
正面

在摺山處貼放角尺，以美工刀割開紙藤帶一半的厚度，切出牙口。

正面

切好牙口的模樣。將牙口側朝外，彎摺紙藤帶。

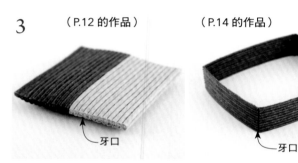
（P.12 的作品）　（P.14 的作品）
牙口　　牙口

藉由切牙口側作為摺山進行摺疊，會使邊角看起來更加美觀。

👑 紙片的作法

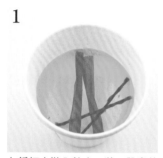

在紙杯中裝入熱水，將1股寬的紙藤帶浸入水中。待黏著劑融化後，繩狀的紙捻會自然展開。

從步驟1中取出紙捻，輕輕展開成2cm寬的紙片，靜置乾燥即可。

👑 拼接黏貼紙藤帶的方法

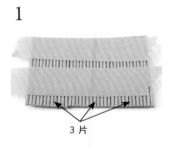
3 片

將紙藤帶並排對齊，以紙膠帶黏貼固定。

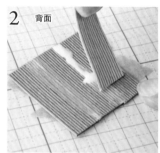
背面

翻至背面，在接縫處刷塗白膠，白膠乾燥之後撕下紙膠帶即可。

👑 圓形零件的作法

＊1 層的情況

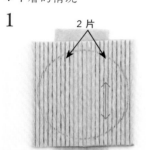
2 片

依照「拼接黏貼紙藤帶的方法」，以紙膠帶固定2片紙藤帶，刷塗白膠黏合後，畫出圓形。

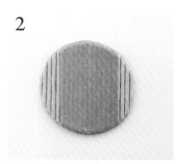

以剪刀沿著圓形裁剪。裁剪之後撕下紙膠帶，完成1層的圓形。

＊2 層的情況

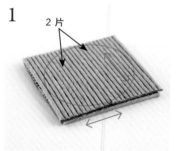
2 片

依照P.29「縱・橫黏貼法」的要領，將紙藤帶以交錯90度的方向疊放，黏貼成2層之後再畫圓。

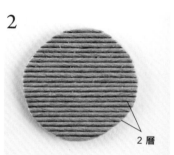
2 層

以剪刀沿著圓形裁剪，完成2層的圓形。

♛ 所謂的「交錯黏貼法」？

※ 需要將紙藤帶黏合成3層時，稱為「交錯黏貼法」。
以下將解說此黏貼方式的作法。

例）　＊紙藤帶的裁剪片數　①頂板　12股　9cm×4片　②頂板　12股　3cm×6片

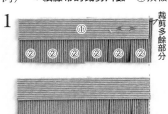

1

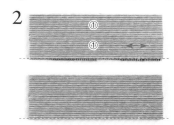

2

3

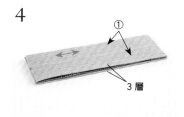

4

將6片②頂板垂直並排，再以白膠黏合水平放上的1片①頂板，裁剪多出①的部分。

將第2片的①疊放於②上，並排黏貼。裁剪下方多出①的部分。

將步驟2翻至背面。

將餘下的2片①疊放於②上，並排黏貼。完成3層的模樣。

♛ 所謂的「縱・橫黏貼法」？

※ 需要將紙藤帶黏合成2層時，稱為「縱・橫黏貼法」。
以下將解說此黏貼方式的作法。

例）　＊紙藤帶的裁剪片數　①頂板　12股　9cm×2片
　　　　　　　　　　　　　②頂板　12股　3cm×6片

1

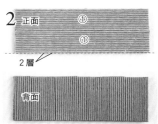

2

依照「交錯黏貼法」步驟1的要領，以白膠黏貼1片①頂板與6片②頂板。

依照「交錯黏貼法」步驟2的要領，黏貼1片①之後，裁剪多餘部分，完成2層的模樣。

♛ 所謂的「同方向黏貼」？

※ 將紙藤帶黏合成2層或3層，以「同方向黏貼」來製作時的稱呼。
以下將解說此黏貼方式的作法。

例）　＊紙藤帶的裁剪片數　①頂板　12股　9cm×2片（3片）
　　（ ）為黏貼3層的片數　②頂板　6股　9cm×2片（3片）

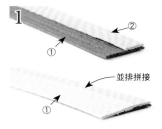

1

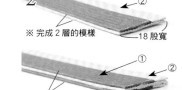
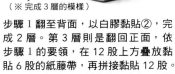

2

取1片①頂板，再將②頂板對齊邊端疊放，黏合。接著取1片①與②並排對齊，疊放黏貼於第1片的①上。

步驟1翻至背面，以白膠黏貼②，完成2層。第3層則是翻回正面，依步驟1的要領，在12股上方疊放黏貼6股的紙藤帶，再拼接黏貼12股。

※ 交錯疊放寬、窄紙藤進行貼合，是關鍵所在。

❦ 來自村田老師的重點建議 ❧

為了完成美麗的作品，在此介紹如何進行「筆直分割紙藤帶」及「漂亮黏合紙藤帶」等，
看似簡單卻暗藏玄機的作法訣竅。

＊裁成直角時

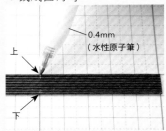

紙藤帶放在製圖用方格紙（切割墊）上方，測量長度後，在紙藤帶的上下側作記號。※ 深色紙藤帶可使用白色原子筆或白色鉛筆，請挑選細筆尖的筆。

＊裁成相同長度

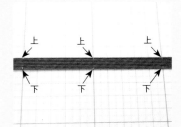

紙藤帶放在製圖用方格紙（切割墊）上方，在相等長度的上下側作記號，再以剪刀裁剪。

＊紙藤帶的裁剪方式

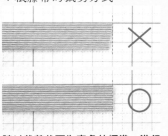

請以裁剪截面為直角的標準，進行裁剪。

＊紙藤帶的疊合黏貼

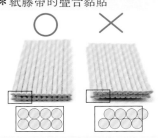

使用白膠黏合紙藤帶時，請以每1股紙繩都對齊為標準，重疊貼合。注意別讓第2片的紙繩嵌入第1片的溝槽中。

♛ 藤籃的編織方法

＊基礎藤籃編法＆右旋編織 •～

（P.8 的作品）　例）　＊紙藤帶的裁剪片數　①軸繩 4 股 18cm × 2 條　②編織繩 1 股 260cm × 1 條

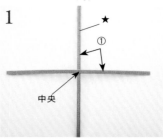

1

2條①軸繩的中央呈十字疊放，以白膠黏合。

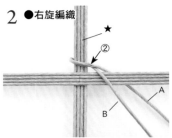

2　●右旋編織

編織繩對摺，掛在上方軸繩上。內側的A繩往外移至右方的軸繩下。※形成在下方的紙繩。

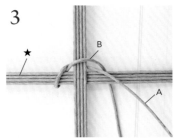

3

軸心以逆時針方向旋轉，將位於內側的B繩往外移至右方的軸繩下。此編織法稱為右旋編織。

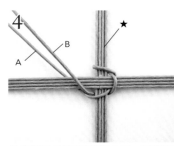

4

以步驟 3 的要領編織 1 圈，編織繩暫休織。

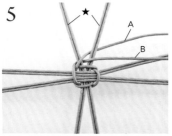

5

接著，將軸繩分割成一半的2股寬，直到十字交疊處。將分割好的軸繩拉開，進行右旋編織。

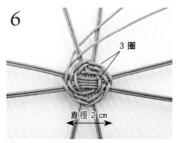

6

將分割後的軸繩一一分開呈放射狀，平坦地以右旋編織至3圈為止。編織繩暫休織。

7

將步驟 6 作為外側翻至背面，收束軸繩後，向上立起。

8

看著外側，以休織的編織繩進行右旋編織，編至 13 圈成茶碗狀為止。收編處則是分別將編織繩穿入編目中。

9

收緊編目後，在整體噴灑水霧，修整形狀。

10

編織繩由內側編目的邊緣算起，預留0.7cm後，剪去多餘部分。

11

保留1條軸繩不剪，其餘皆由編目的邊緣算起，預留0.2cm後裁剪。保留的軸繩預留6cm後剪斷。

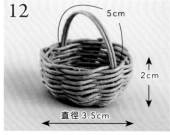

12

在步驟11的軸繩邊端處塗抹白膠，沿著正對面的軸繩內側插入編目中，黏貼固定，完成。

＊一次扭轉編的編織方法 •～

（P.8 的作品）　例）　＊紙藤帶的裁剪片數　①軸繩 白色／2 股 15cm × 4 條　②編織繩 白色／1 股 190cm × 1 條

（為了更加淺顯易懂，在此改換紙繩配色進行解說。）

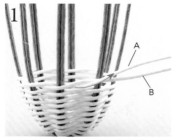

1

一次扭轉編，是內側的編織繩A在外側的編織繩B下方交叉後，宛如纏繞B繩般扭轉一次，再度回到B繩上方。

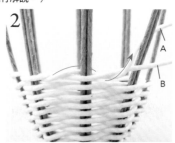

2

接著，將繩A掛在右方的軸繩上。

3

重複步驟1．2，收編處分別將編織繩穿入編目中。

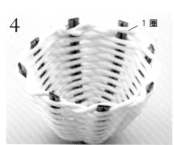

4

整體噴灑水霧，裁剪多餘的編織繩與軸繩，最上方為一次扭轉編編織 1 圈的模樣。

1 巴黎的花店

白色	乳白	日本茶	可可亞
黑色	萌黃	青鼠色	蘭茶色
煤灰	松葉	青瓷色	明太子
白銀	螢火蟲	紫陽花	長崎蛋糕
黑糖蜜	鶯綠	亞麻色	

厚2mm的厚紙板（A4尺寸）1片
透明PP板（A5尺寸）1片
製圖用方格紙（A3尺寸）1片
壓克力顏料（白色、生褐色・金屬金色）
＊工具 參照P.25
＊完成尺寸 參照最終步驟圖

＊其他材料

❶濾紙（無漂白）
❷薄紗蕾絲（15cm×23cm）
❸仿舊外文書 1片
❹寬0.5cm的蕾絲（乾燥花用）5cm×2條
❺寬0.4cm的蕾絲（相框用）15cm×1條
❻寬0.5cm的蕾絲（內牆裝飾用・乾燥花用）10cm×1條
❼麻線

作法
（為了更易於理解，在此將改換紙繩配色進行示範）

❀牆壁・地面・雨遮

＊紙藤帶的裁剪片數

①內牆	白色／取12股	200cm×1片			
②外牆	黑色／取12股	200cm×1片			
③窗緣	白色／取3股	40cm×1片			
④內窗框	白色／取3股	43cm×1片			
⑤外窗框	黑色／取3股	43cm×1片			
⑥窗櫺	黑色／取3股	11cm×4片	⑫雨遮	黑色／取12股	9cm×2片
⑦窗櫺	黑色／取3股	8cm×4片	⑬補強	黑色／取2股	9cm×2片
⑧牆面裝飾	黑色／取3股	4cm×4片	⑭地面邊條	煤灰／取12股	14cm×1片
⑨牆面裝飾	黑色／取3股	3.5cm×4片	⑮地面邊條	煤灰／取7股	38cm×1片
⑩地面	煤灰／取12股	350cm×1片	⑯地磚	煤灰／取12股	2cm×26片
⑪牆壁邊條	黑色／取4股	57cm×1片			

⑰地磚	黑色／取12股	2cm×18片
⑱壁飾	黑色／取2股	10cm×2片
⑲壁飾	黑色／取2股	5cm×2片

＊副材料
厚紙板（2mm）透明PP板

1
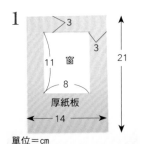

單位＝cm

厚紙板裁剪成14cm×21cm，並切割出窗戶。

2

透明PP板裁成12cm×9cm，對齊中央處，黏貼於外牆的窗戶上（參照P.27）。

3
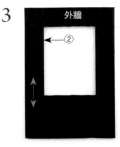

從步驟2的上方開始裁剪②外牆，避開窗戶並且以垂直方向無間隙地緊密黏貼。

4
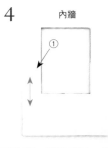

將步驟3翻至背面，裁剪①內牆，同樣避開窗戶並以垂直方向無間隙地緊密黏貼。

5
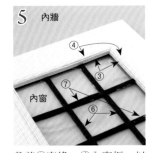

裁剪③窗緣、④內窗框，以倒角框作法（參照P.26）黏貼④。等間隔地垂直黏貼2片⑥窗櫺，⑦窗櫺則是一邊裁剪一邊黏貼。

6

內窗完成的模樣。

7

外窗，同樣以倒角框作法黏貼⑤外窗框。依步驟5的相同作法，黏貼⑥・⑦窗櫺。

8
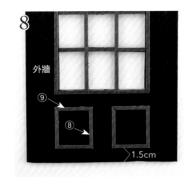

於外窗下緣算起1.5cm處，分別黏貼⑧・⑨牆面裝飾，左右兩側對齊窗戶，同樣以倒角框作法製作。

9
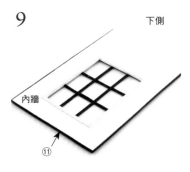

在轉角處裁斷⑪牆壁邊條，僅牆壁的下側不黏，其他3邊截面皆包覆黏貼邊條。

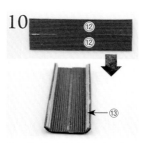

10

將2片⑫雨遮對齊後黏貼（參照P.28）。分別將1片⑬補強疊放於兩側邊緣黏貼後，如圖示彎曲成ㄇ字形。

11

外窗

將步驟10黏貼於外窗上緣。

12

外牆

⑱·⑲壁飾的紙藤兩端皆以圓嘴鉗繞圓，製作成S形，將壁飾固定在外牆雨遮的上方。

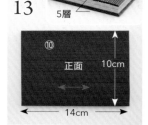

13

5層

正面

10cm

14cm

參照P.27-地板的基底作法「5層的基底」，將2片厚紙板黏在一起，一邊裁剪⑩地面，一邊毫無間隙地在正面黏貼1層，背面黏貼2層。

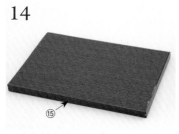

14

一邊在轉角處裁斷⑮地板邊條，一邊在前方3邊包覆黏貼邊條。

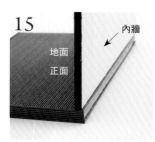

15

內牆

地面

正面

將牆壁緊貼於地面的底端上方，黏貼成直角。

16

將⑭地板邊條黏貼於內牆下方，修飾地面的裁切截面。

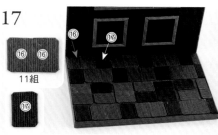

17

⑯ ⑯

11組

⑰

22片的⑯地磚每2片並排黏貼後，修掉邊角，製作11組。如圖示交錯排列這11組地磚，黏貼於地面。餘下的⑯與⑰地磚修掉邊角後，黏貼於空隙處。內·外牆與地面依 P.37圖示進行塗裝（白色·生褐色·金屬金色／參照P.26），完成。

❀ 花台大～小

＊紙藤帶的裁剪片數（黑糖蜜）

①層板大	取 12 股	120 cm	× 1 片
②邊條大	取 3 股	28 cm	× 1 片
③層板中	取 12 股	63 cm	× 1 片
④邊條中	取 3 股	20 cm	× 1 片
⑤層板小	取 12 股	28 cm	× 1 片
⑥邊條小	取 3 股	12 cm	× 1 片
⑦支腳	取 12 股	6.5 cm	× 8 片

＊副材料 製圖用方格紙

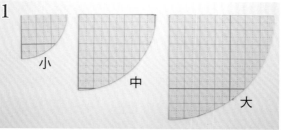

1

小 中 大

製作紙型。將製圖用方格紙分別裁剪成大＝半徑7cm、中＝半徑5cm、小＝半徑3cm的1/4圓。

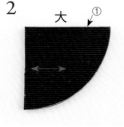

2

大 ①

參照P.27-地板的基底作法「4層的基底」，一邊照著紙型大裁剪層板大，修出弧線後黏貼於紙型上。

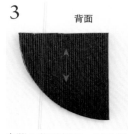

3

背面

步驟2翻至背面，以垂直方向黏貼。

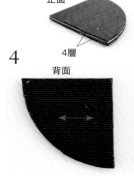

4

正面

4層

背面

接著再以水平方向黏貼第2層。包含紙型共黏貼成4層的模樣。

5

②

在截面上黏貼②邊條大，於轉角處裁斷。

6

大

⑦

背面

直徑1cm

將1片⑦支腳稍微弄濕，以圓嘴鉗捲繞2層後黏貼定型。製作4個，如圖示黏貼於層板背面的邊角及弧線中央。

7

中

背面

中花台作法同大花台，修剪③層板中後黏貼於紙型上，再於邊緣黏貼④邊條中。製作3個⑦支腳，黏貼於背面的邊角處。

8

小

背面

小花台作法同大花台，修剪⑤層板小後黏貼於紙型上，再於邊緣黏貼⑥邊條小。製作1個⑦支腳，黏貼於背面中央處。

9

小 中 大

5.7cm

7.2cm 7.2cm

進行塗裝（白色／參照P.26）即完成。對齊大·中·小層板的直角處疊放，置於外牆邊緣處。

❀ 花器 A-a・A-b・B-b

＊紙藤帶的裁剪片數（各1個份）
（a 白銀・b 煤灰）
①本體A　取12股　6cm×2片

②本體A　取 6股　 6cm×1片
③底A　　取12股　1.5cm×1片
④邊條A　取 2股　 4cm×1片

⑤本體B　取12股　 3cm×3片
⑥底B　　取12股　1.5cm×1片
⑦邊條B　取 2股　 5cm×1片

1

將①・②本體A對齊後黏貼
（參照P.28）。

2　原寸

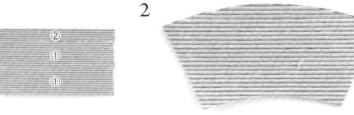

將步驟1比照圖片的原寸大小進行裁剪。

3

步驟2的兩側邊重疊0.1cm，
黏貼固定。以圓嘴鉗按壓至
白膠乾燥為止。

4

③底A黏貼在花器底部，裁
剪多餘部分。

5　A-a（製作6個）　A-b（製作1個）

2.8cm　④

④

直徑2cm

④邊條A黏貼於上緣1圈，兩端對齊後剪去
多餘部分。A-b作法同A-a，進行塗裝（白
色・生褐色／參照P.26）後即完成。

6

⑤ ⑤ ⑤

將3片⑤本體B對齊後黏
貼（參照P.28）。

7

邊緣0.2cm塗膠後黏貼成
圓柱狀。

8

⑥

⑥底B黏貼在花器底部，裁
剪多餘部分。

9　B-b（製作3個）

⑦

3.1cm

直徑1.5cm

⑦邊條B對齊上緣黏
貼，塗裝（白色／參
照P.26）後即完成。

❀ 樹枝

＊紙藤帶的裁剪片數（1枝份）
①樹枝　亞麻色／取3股　25cm×2片
②葉子　亞麻色／取3股　 1cm×2片

1

1cm

②

剪牙口

2cm

①樹枝底部預留2cm，其餘部分分割成1股寬，纏繞
在筆上塑造出彎曲起伏狀之後，分別在各處稍微斜斜
的剪牙口。隨意剪短前端，製作長短不一狀。修剪②
葉子的邊角成葉子狀，適當黏貼於樹枝前端。

2

25cm

花器B-b

在花器B-b的內側塗抹白
膠，放入樹枝根部固定。※
請注意平衡不要傾倒，可纏
繞於戶外燈或雨遮上，並以
白膠固定。

❀ 薔薇

＊紙藤帶的裁剪片數（1枝份）
①花朵　乳白／取1股　12cm×1片

②花莖　萌黃・松葉／取1股　4cm×1片
③葉子　萌黃　　　／取6股　1cm×1片

＊**副材料** ❼麻線

1

②萌黃

②松葉

1cm

③

①

參照P.93-「薔薇作法」，以①花
朵、②花莖製作薔薇。修剪③葉子
的邊角，裁剪成葉狀。

2

a=1枝

b=2枝

c=15枝

d=2枝

葉子往下彎曲塑形後黏貼於花莖
上。a至d共製作20枝。

3

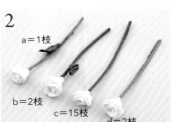

❼

將步驟2的薔薇每10枝分成1束，以
白膠黏貼底部，再用❼麻線綑綁。

4

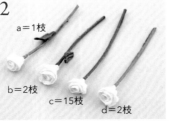

5.5cm

4cm

在花器A-a的內側塗抹白膠，將步
驟3的2束薔薇花插入，黏貼固定即
完成。

❀ 安娜貝爾（繡球花）

＊紙藤帶的裁剪片數（1枝份）

①花萼　白色／取2股　15 cm × 3片
②花莖　松葉／取1股　5 cm×1片
③萼片　白色／取12股　5 cm×1片
④萼片　鶯綠／取12股　5 cm×1片
⑤大葉　松葉／取8股　1.5 cm×1片
⑥小葉　松葉／取6股　1 cm×1片

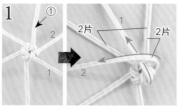

1
在3片①花萼的中央編織1個花結。繩1如圖往上反摺（間隔2片處）。繼續以逆時針的順序，將繩2反摺至對角處。

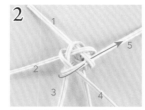

2
依照步驟1的要領，將第3‧4反摺，5反摺後，穿過繩1根部的繩圈。

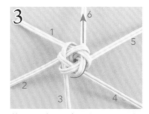

3
將6反摺，穿過繩1‧2根部的繩圈。

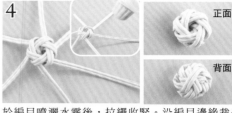

正面
背面

4
於編目噴灑水霧後，拉繩收緊。沿編目邊緣裁去多餘繩端。

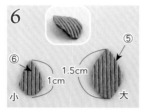

5
將③‧④萼片分割成1股寬之後，剪成細碎狀。在步驟4的正面塗抹白膠，沾黏剪好的萼片。

6
修剪⑤大葉‧⑥小葉的邊角，裁剪成葉子狀。彎曲葉片，塑造生動感。

1.5cm
1cm
小　大

7
在②花莖上端塗抹白膠，插入步驟5背面的編目中黏貼固定。一一黏貼步驟6的大葉‧小葉。製作7枝。

8
紙膠帶
將7枝繡球花束起，以紙膠帶收整根部。

9
6.3cm
5.5cm
在P.33-花器A-a的內側塗抹白膠，將步驟8的安娜貝爾花束插入，黏貼固定即完成。

❀ 鬱金香

＊紙藤帶的裁剪片數（1枝份）

①花瓣　白色／取6股　1cm×3片
②花莖　萌黃‧松葉／取1股　5 cm×1片
③葉　萌黃‧松葉／取4股　3 cm×2片

1
1cm
修剪3片①花瓣的邊角，裁剪成圖示的花瓣狀。2片花瓣頂端錯開，包夾黏貼1枝②花莖，將花瓣彎摺之後，包覆黏貼餘下的1片花瓣。如同將花瓣前端靠在一起似的彎曲，塑造花形。

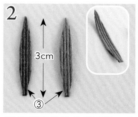

2
3cm
將③葉子裁剪成葉子狀，作出彎曲的模樣。

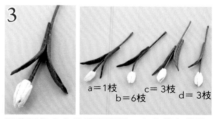

3
沿葉子的中心線稍微對摺，在花莖上黏貼1或2片不等。a至d共製作13枝。
a=1枝　c=3枝
b=6枝　d=3枝

4
紙膠帶
將13枝收成束，以紙膠帶收整根部。

5
6cm
3cm
在P.33-花器A-a的內側塗抹白膠，將步驟4的鬱金香花束插入，黏貼固定即完成。

❀ 花結的編織方法 ❀

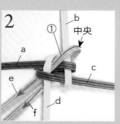

背面

1
①A
①B
中央
a
b
c
d
將2片①花萼的A‧B對摺，將B掛在A上，a往左反摺後，疊放在A的後側上。b往上反摺，穿過a的繩圈。

2
①
b
中央
a
c
e
f
d
將第3片的①對摺，前側的e插入步驟1的編目中央，後側的f則疊放在最下方。

3
b
a
c
e
f
d
f往上反摺，穿過b‧a形成的繩圈。

4
保持中央的摺山，拉緊收束編目。完成花結。

34

❀ 澆花器

＊紙藤帶的裁剪片數

①本體	青鼠色／取12股	4.5 cm × 1 片	
②底	青鼠色／取12股	2 cm × 1 片	
③上蓋	青鼠色／取12股	0.8 cm × 1 片	
④提把	可可亞／取 2 股	3.5 cm × 1 片	
⑤壺嘴	可可亞／取 2 股	3 cm × 2 片	
⑥支撐架	可可亞／取 1 股	0.8 cm × 1 片	

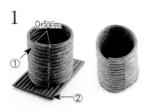    

1 ①本體兩端重疊0.5cm成圓柱狀，將②底黏貼在圓柱底部，沿邊緣剪去多餘部分。

2 ③上蓋作出彎曲度後，同底部的要領黏貼，沿邊緣剪去多餘部分。

3 ④提把兩端的0.3cm處如圖示摺彎。

4 步驟3對齊上蓋與本體下側，黏貼固定。

5 ⑤壺嘴黏貼成2層後，一端斜剪作出流嘴。往下弄彎⑤，黏貼在提把的另一側，再將⑥支撐架黏貼在壺嘴與本體之間。進行塗裝（白色·生褐色／參照P.26）即完成。

❀ 戶外燈

＊紙藤帶的裁剪片數

①燈罩	黑色／取12股	3 cm × 2 片	
②燈座	黑色／取 2 股	3.5 cm × 1 片	
③燈座	黑色／取 2 股	4.5 cm × 1 片	
④燈泡	乳白／取 1 股	3 cm × 1 片	

   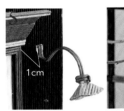

1 將2片①燈罩對齊貼合（參照P.28）。

2 將步驟1裁剪成直徑2cm的圓，再剪掉1/4。

3 在1/4缺角的截面塗抹白膠，對齊後黏貼成傘狀。④燈泡的紙繩恢復成紙張狀（參照P.28），揉圓後黏貼於燈罩內側。

4 ②燈座以圓嘴鉗捲繞黏合，固定於步驟3的圓錐處。③燈架作出適當弧度，插入②的中央固定，末端如圖彎摺。

距離外牆窗戶1cm處，黏貼固定③的繩端。塗裝（白色／參照P.26）後即完成。

❀ 鈴蘭·木箱·相框

＊紙藤帶的裁剪片數

①葉子	日本茶色／取 6 股	2 cm × 12 片	
②花莖	日本茶色／取 1 股	2 cm × 8 片	
③花朵	白色／取 1 股	5 cm × 8 片	
④側板	青鼠色／取 8 股	9.5 cm × 1 片	
⑤箱底	青鼠色／取12股	3 cm × 1 片	
⑥箱底	青鼠色／取 6 股	3 cm × 1 片	
⑦把手	黑色／取 1 股	2 cm × 2 片	
⑧相框	可可亞／取 3 股	4 cm × 4 片	
⑨相框	可可亞／取 3 股	3 cm × 4 片	

＊副材料
❶濾紙 ❸仿舊外文書 ❺寬0.4cm的蕾絲

1 ③花朵剪成細碎狀，將 1 股寬的②花莖頂端縱向剪牙口，塗抹白膠後沾黏③。製作8枝。

2 ①葉子裁剪成葉狀後，以圓嘴鉗彎摺，在步驟1的花莖上黏貼1至2片葉子。共製作8組。

3 分別在④側板邊端算起的3cm、1.5cm、3cm、1.5cm處切牙口（參照P.28），塗膠處重疊黏貼0.5cm。

4 ⑤·⑥箱底對齊後貼合（參照P.28）。

5 將步驟3黏貼在步驟4上。

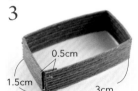  

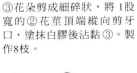   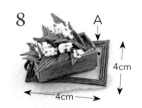

6 裁剪步驟5的多餘部分，⑦把手的兩端以圓嘴鉗壓平後，連接成圈，前後兩側分別黏貼1個。塗裝（生褐色／參照P.26）後放入撕碎的❸仿舊外文書。視平衡放入步驟2的鈴蘭。

7 ⑧·⑨相框各2片，以倒角框作法（參照P.26）黏貼。製作2組。A是黏上撕碎的❶濾紙，B則是繫上❺蕾絲固定。※B黏貼在外牆上。

8 將步驟6的鈴蘭疊放在步驟7的A上，作為裝飾。

❀ 白月光（向日葵）

＊紙藤帶的裁剪片數（1枝份）

①花芯　螢火蟲／取12股　0.5 cm × 2片　　③花瓣　白色／取8股　1.5 cm × 1片　　⑤葉子　萌黃／取9股　1 cm × 1片

②花瓣　白色　／取12股　1.5 cm × 1片　　④花莖　萌黃／取1股　5 cm × 1片　　⑥花萼　萌黃／取1股　6 cm × 1片

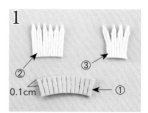

1

2片①花蕊是在每1股剪出0.1cm長的牙口。②・③花瓣則是每2股剪至一半長，並且修剪邊角呈山形。

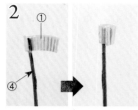

2

將步驟1的1片①黏貼在④花莖的一端，塗抹白膠後捲繞固定。

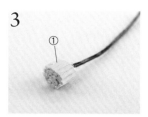

3

第2片①拼接對齊後，重疊2圈捲繞固定。

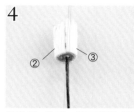

4

將步驟1的②・③下緣對齊①的，黏貼在步驟3的外圍。

5

事先將⑥花萼展開成紙片狀（參照P.28），塗抹白膠後捲繞固定，修飾花瓣與花莖之間的落差。

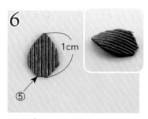

6

修剪⑤葉子的邊角，裁剪成葉子狀。彎曲葉片，增添生動感。

7

將步驟6的葉子黏貼在步驟5的花莖上。

8

使用鑷子等工具，將花瓣頂端往外側展開。製作8枝。

9

將8枝向日葵綁成束，以紙膠帶收整根部。

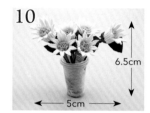

10

在P.33-花器A-a的內側塗抹白膠，將步驟9的白月光花束插入，黏貼固定即完成。

❀ 卡薩布蘭加（香水百合）

＊紙藤帶的裁剪片數（1枝份）

①花瓣　白色／取12股　1.5 cm × 1片　　③花芯　白色　／取3股　0.5 cm × 3片　　⑥花萼　松葉／取1股　5 cm × 1片

②花瓣　白色／取3股　1.5 cm × 1片　　④花芯　螢火蟲／取1股　1 cm × 1片　　⑦葉子　松葉／取4股　1.5 cm × 2片

　　　　　　　　　　　　　　　　　　　⑤花莖　松葉　／取1股　4 cm × 1片　　⑧花蕾　鶯綠／取4股　1.5 cm × 2片

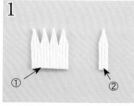

1

①花瓣的上側，每3股剪牙口，將4片花瓣皆裁剪成山形。②花瓣對齊①，同樣剪成山形。

2

3片③花蕊疊放黏合後，再黏上⑤花莖。

3

將④花蕊剪成細碎狀，於步驟2的頂端塗抹白膠，將④沾黏上去。

4

步驟1的①・②花瓣與步驟3的下緣對齊，黏貼固定。

5

同白月光-5的作法，將展開成紙片狀的⑥花萼（參照P.28）捲繞上去，修飾花瓣與花莖之間的落差。

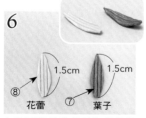

6

如圖示修剪⑦葉子與⑧花蕾的邊角，作出形狀及彎曲度，塑造擬真感。

7

將步驟6的2片葉子黏貼在花莖上。花蕾則是2片面對面貼合後，黏貼於葉子與花莖之間。花瓣前端以鑷子等工具往外側展開。製作4枝。

8

將4枝百合綁成束，以白膠將收整的莖部固定。

9

在P.33-花器A-a的內側塗抹白膠，放入步驟8的香水百合花束，黏貼固定即完成。

✿ 飛燕草

✻ 紙藤帶的裁剪片數（5枝份）
① 花莖　日本茶／取 1 股　5 cm × 5 片
② 花朵　青瓷色／取 12 股　5 cm × 1 片
③ 花朵　紫陽花／取 12 股　5 cm × 1 片

1
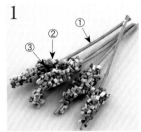

2

5.1cm
2.5cm

將②・③花朵分割成 1 股寬之後，剪成細碎狀，再以 1 片①花莖的上段沾黏（參照P.35-鈴蘭）。製作 5 枝，以白膠將收整成束的莖部固定。

在P.33-花器A-a的內側塗抹白膠，將步驟 1 的飛燕草花束插入，黏貼固定即完成。

✿ 綠植吊飾

✻ 紙藤帶的裁剪片數
① 花莖　萌黃／取 1 股　10 cm × 1 片
② 葉子　松葉／取 4 股　1 cm × 7 片
③ 葉子　萌黃／取 3 股　1 cm × 12 片

✻ 副材料
❶ 濾紙

1
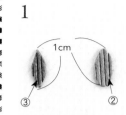
1cm
③　②

2

❶
10cm
①
剪牙口

將②葉子裁剪成較圓潤的葉子，③則剪成較細長的葉片。

在①花莖多處稍微斜斜的剪牙口。將步驟 1 的葉子適當地黏貼上去。❶濾紙撕碎後與綠植貼合，再沾黏於外牆上。

✿ 海芋

✻ 紙藤帶的裁剪片數（1枝份）
① 花瓣　白色／取 12 股　3 cm × 1 片
② 花芯　螢火蟲／取 3 股　0.5 cm × 1 片
③ 花莖　松葉　／取 1 股　5 cm × 1 片

✻ 副材料
❼ 麻線

1
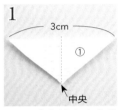
3cm
①
中央

2
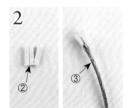
②
③

3

接合對齊

4

❼

5

6cm
5cm

1. 將1片①花瓣由中央裁剪成等腰三角形。
2. ②花蕊每1股寬剪牙口後，捲繞於③花莖上黏貼固定。
3. 將步驟1的花瓣包裹步驟2的花莖，花瓣邊端對齊後，與花莖一同黏貼固定。
4. 製作11枝步驟3的海芋，分成 2 束綑綁，以白膠收整固定，再以❼麻線綁紮。
5. 在P.33-花器A-b的內側塗抹白膠，將步驟 4 的海芋花束插入，黏貼固定即完成。

✿ 乾燥花束 A・B & 裝飾方法

✻ 紙藤帶的裁剪片數
① 乾燥花 A　亞麻色　／取 2 股　5 cm × 3 片
② 乾燥花 A　蘭茶色　／取 3 股　5 cm × 1 片
③ 乾燥花 B　可可亞　／取 2 股　5 cm × 3 片
④ 乾燥花 B　明太子　／取 3 股　5 cm × 1 片
⑤ 掛鉤　白色　／取 2 股　2 cm × 1 片
⑥ 裝飾繩　長崎蛋糕／取 1 股　10 cm × 1 片

✻ 副材料
❶濾紙　❷薄紗蕾絲　❸仿舊外文書
❹・❻寬 0.5 cm的蕾絲　❼麻線

1
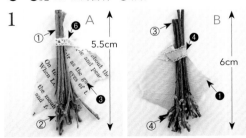
A　5.5cm　B　6cm

將①乾燥花 A・③乾燥花 B分割成1股寬直到底部預留1cm處，頂端則剪出細小牙口。②乾燥花 A・④乾燥花 B分割成1股寬之後，剪成細碎狀，再以①・③的上段沾黏（參照P.35-鈴蘭）。分別以❹・❻蕾絲綁束後，再黏貼撕碎的❶濾紙、❸仿舊外文書。

2
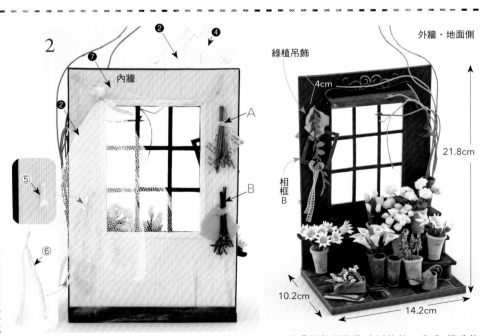
內牆
A
B
⑤
⑥
外牆・地面側
綠植吊飾
4cm
相框 B
21.8cm
10.2cm
14.2cm

⑤掛鉤的邊端0.3㎝處摺彎，黏貼於內牆左側。事先將⑥裝飾繩恢復成紙片狀，分成4等份後將一端擰緊，掛在掛鉤上。將乾燥花 A・B黏貼在內牆的右側。上方則是以作出繩圈的❼麻線，宛如節慶掛飾般黏貼上去。❷薄紗蕾絲繫上❹蕾絲後黏貼固定。將各部件均衡地裝飾在外牆・地面上，完成。

37

 2 薔薇袖珍屋

♔ P.6的作品

＊**材料** 蛙屋紙藤帶（10m／卷）

白色	2卷	黑糖蜜	1卷	櫻花	1卷
青瓷色	1卷	月白色	1卷	松葉	1卷
白鼠色	1卷	亞麻色	1卷	萌黃	1卷
可可亞	1卷	乳白	1卷		

＊**副材料**
厚2mm的厚紙板（A4尺寸）2片
厚1mm的厚紙板（A4尺寸）1片
透明PP板（A5尺寸）1片
鏡面板（A4尺寸）1片
壓克力顏料
（白色、生褐色、金屬銀色）
＊**工具** 參照P.25
＊**完成尺寸** 參照最終步驟圖

作法 （為了更易於理解，在此將
改換紙繩配色進行示範）

＊**其他材料**

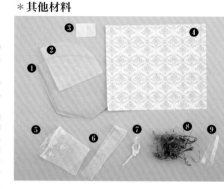

❶ 濾紙（無漂白）
❷ 薄葉紙（花束用＝7㎝×7㎝）
❸ 印花紙（裝飾用＝2.2㎝×3㎝）
❹ 印花紙（壁紙用＝14㎝×16㎝）
❺ 寬6㎝的薄紗蕾絲 10㎝
❻ 寬2㎝的蕾絲 20㎝
❼ 寬0.3㎝的緞帶（花束用）20㎝
❽ 松蘿（綠色）
❾ 寬0.5㎝的蕾絲織帶（桌燈用）8㎝

✿ 牆壁A

＊**紙藤帶的裁剪片數**
①牆壁A 白色／取12股 515㎝×1片
②腰線板 青瓷色／取12股 14.6㎝×1片
③腰線板 青瓷色／取6股 14.6㎝×1片
④腰壁板 青瓷色／取12股 7㎝×10片
⑤腰壁板 青瓷色／取12股 6㎝×5片

＊**副材料**
厚紙板（2mm）
❹印花紙（壁紙用）

1

牆壁A
21cm
①
15cm
厚紙板
3層

厚紙板裁剪成15㎝×21㎝，裁剪①牆壁A，以垂直方向無間隙地使用白膠黏貼於兩面。

2

正面　背面

挑選喜愛的花紋製作❹印花紙（在標籤貼紙列印出壁紙花紋，裁剪成14㎝×16㎝）。

3

❹
7.5cm

在距離步驟1下緣的7.5㎝處，開始黏貼❹印花紙，兩側與上緣預留紙板厚度的0.5㎝，包覆3邊貼合。

4

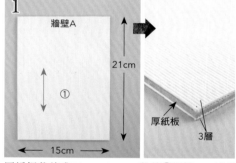

②
③
0.4cm
7.3cm

在②腰線板的中央疊放③腰線板後黏貼固定，在距離步驟3下緣的7.3㎝處，從左側的0.4㎝開始水平方向黏貼。

5

❹ ❹
修剪邊角

將2片❹腰壁板對齊後黏貼（參照P.28），修剪邊角。

6

⑤

修剪1片⑤腰壁板的邊角，黏貼於步驟5的中央。製作5組。

7

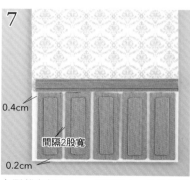

0.4cm
間隔2股寬
0.2cm

在距離左側0.4㎝、下方0.2㎝的位置黏貼步驟6，接下來以2股寬的間隔黏貼5組。

＊紙藤帶的裁剪片數

①內牆B	白色	取 12 股	175 cm × 1 片	
②外牆B	白色	取 12 股	175 cm × 1 片	
③窗緣	白鼠色	取 3 股	28 cm × 1 片	
④內窗框	白鼠色	取 3 股	28 cm × 1 片	
⑤外窗框	白鼠色	取 3 股	28 cm × 1 片	
⑥窗櫺	白鼠色	取 2 股	28 cm × 2 片	
⑦地面	可可亞	取 12 股	365 cm × 1 片	
⑧地板邊條	可可亞	取 5 股	56 cm × 1 片	
⑨牆壁邊條	白色	取 4 股	21 cm × 4 片	
⑩牆頂	白色	取 4 股	26 cm × 1 片	
⑪壁頂線板	青瓷色	取 6 股	9.6 cm × 1 片	
⑫踢腳板	青瓷色	取 12 股	9.6 cm × 1 片	
⑬地板	可可亞	取 8 股	7.3 cm × 4 片	
⑭地板	可可亞	取 8 股	4.8 cm × 6 片	
⑮地板	可可亞	取 8 股	14.6 cm × 1 片	
⑯地板	黑糖蜜	取 8 股	14.6 cm × 2 片	
⑰地板	黑糖蜜	取 8 股	7.3 cm × 2 片	
⑱地板	黑糖蜜	取 8 股	4.8 cm × 3 片	
⑲掛鉤	白鼠色	取 2 股	1.5 cm × 2 片	

＊副材料 厚紙板（2mm）
透明PP板

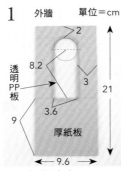

1

厚紙板裁剪成9.6cm×21cm，並切割出窗戶（以直徑3.6cm的圓作出圓弧）。透明PP板裁成4.6cm×11cm，上側配合圓弧並預留0.5cm的塗膠處後裁剪，對齊中央處，黏貼於外牆的窗戶上（參照P.27）。

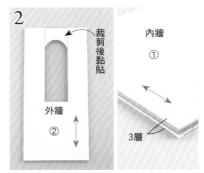

2

從步驟1的上方開始裁剪②外牆B，避開窗戶且以垂直方向無間隙地緊密黏貼。①內牆B的黏貼作法相同。

※窗戶的圓弧部分，先對齊圓弧以紙膠帶固定，畫上記號後分別裁剪，再一片片黏貼。

3

在內牆側黏貼1圈③窗緣。

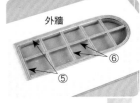

4

④內窗框裁剪成4.2cm，黏貼在內牆的窗戶下緣。餘下的④一端預留8cm不分割，其餘皆分割成1股寬。不分割的8cm處對齊下窗框開始黏貼，窗戶的圓弧部分是每1股分別貼合，止黏處則是裁剪整齊後黏貼。

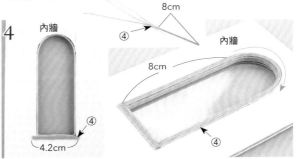

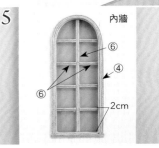

5

⑥窗櫺裁剪1片中央軸後黏貼於窗戶，左右兩側以2cm為間隔，一邊裁剪一邊對齊黏貼。以相同作法，將⑤外窗框・⑥窗櫺1片黏貼於外牆側的窗戶上。

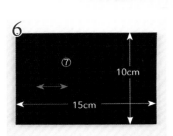

6

厚紙板如圖示裁剪成15cm×10cm，參照P.27-地板的基底作法「4層的基底」，一邊裁剪⑦地面一邊黏貼。

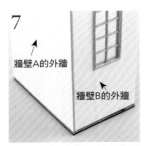

7

將牆壁B的邊緣，對齊牆壁A步驟7留白的0.4cm處貼合，再與地面黏貼成直角。

8

一邊在轉角處裁剪⑧地板邊條，一邊黏貼包覆4邊。

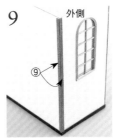

9

分別將2片⑨牆壁邊條，黏貼於牆壁A・B形成的直角外側上，對齊地板邊條以便隱藏截面。餘下2片⑨，則是分別黏貼於牆壁A・B的另一側，包覆修飾截面。

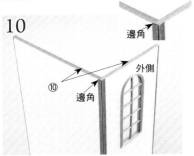

10

修飾頂端的截面，裁剪⑩牆頂，對齊邊角處黏貼。

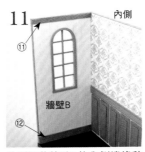

11

分別沿著牆壁B的內側邊緣黏貼⑪壁頂線板・⑫踢腳板。

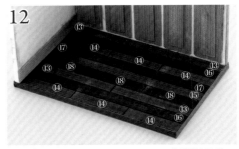

12

⑬至⑱地板依圖片所示，以0.1cm的間隔黏貼，塗裝牆壁・地面（白色・生褐色／參照P.26）後即完成。

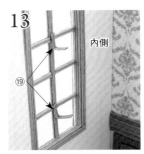

13

將⑲掛鉤對摺，黏貼於窗戶內側的中軸上。

＊紙藤帶的裁剪片數

①直柵欄	可可亞／取2股	17 cm × 1 片	
②直柵欄	可可亞／取2股	16 cm × 2 片	
③橫柵欄	可可亞／取2股	5 cm × 5 片	
④鐵藝裝飾	可可亞／取6股	1 cm × 3 片	
⑤鐵藝裝飾	可可亞／取2股	8 cm × 8 片	
⑥枝條	可可亞／取1股	25 cm × 2 片	
⑦花朵	櫻花／取1股	10 cm × 4 片	
⑧花莖	松葉／取1股	5 cm × 10 片	
⑨葉子	松葉／取6股	1 cm × 20 片	

＊副材料 ❽松蘿

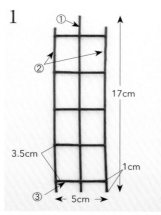
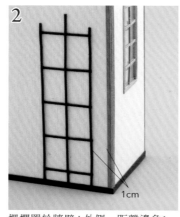
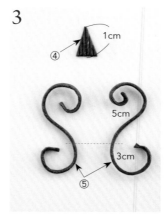
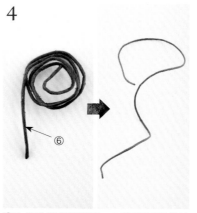

1 在①直柵欄的左右各放1片②直柵欄，底端對齊。等間隔放上5片③橫柵欄（間隔3.5cm），黏貼固定。

2 柵欄置於牆壁A外側，距離邊角1cm處，下端貼齊地板邊條後黏貼。

3 ④鐵藝裝飾裁剪成三角形，製作3個。在⑤鐵藝裝飾一端的3cm處作記號，兩端分別以圓嘴鉗繞圓作成S形，製作8個。

4 ⑥枝條分別用筆捲繞，再拉開呈彎曲波浪狀，增添生動感。

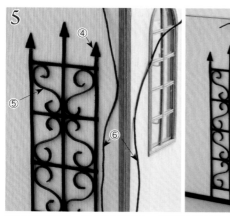
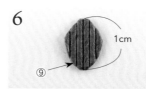

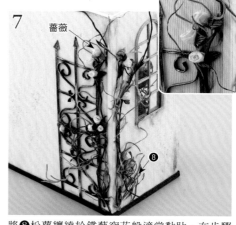

5 將④緊貼著①・②的頂端黏貼，⑤則是對稱嵌入柵欄空格中，製作花樣並黏貼。⑥的一端緊貼著地板邊條，黏貼固定，作出蜿蜒起伏狀後，挑幾個點以白膠固定在外牆上，上端則呈懸空狀。

6 事先將⑦花朵展開成紙片狀，裁成1/3寬，再纏繞在⑧花莖上製作薔薇（參照P.41）。修剪⑨葉子的邊角，裁剪成葉狀，彎曲葉片塑形，黏貼2片在花莖上。將花莖裁剪成大約2cm的長度。製作10枝。

7 將❽松蘿纏繞於鐵藝窗花般適當黏貼，在步驟6的薔薇花莖底端塗抹白膠，利用松蘿遮蓋黏貼處。塗裝（白色／參照P.26）後即完成。

圖上標示：薔薇

❀ 1枝白薔薇裝飾

＊紙藤帶的裁剪片數

①花朵	月白色／取1股	13 cm × 1 片	
②花莖	萌黃／取1股	5 cm × 1 片	
③葉子	松葉／取6股	1 cm × 1 片	

＊副材料
❶濾紙
❽松蘿

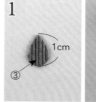
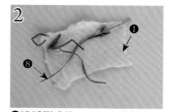
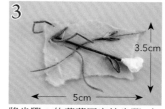

1 將①花朵紙片裁成1/2寬，纏繞於②花莖上，製作1朵薔薇（參照P.41）。修剪③葉子的邊角，裁剪成葉子狀，黏貼在花莖上。

圖上標示：葉子

2 ❶濾紙撕成約5cm×3cm的程度，適當黏貼❽松蘿裝飾。

3 將步驟1的薔薇固定於步驟2之上，完成。

＊紙藤帶的裁剪片數

①本體　白色／取4股　60 cm × 1片
②盤座　白色／取3股　17 cm × 1片
③軸心　白色／取1股　1 cm × 1片
④把手　白色／取2股　2 cm × 2片
⑤花朵　月白色／取1股　13 cm × 8片
⑥花莖　萌黃　／取1股　2.5 cm × 17片

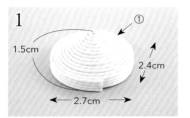

1

1.5cm
2.4cm
2.7cm

使用圓嘴鉗將①本體一邊錯開1股的寬度一邊捲繞，止捲處以白膠黏貼。用指尖施壓成橢圓形。

2

在湯盅內側塗抹白膠，注意維持橢圓形進行固定。

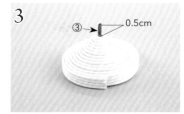

3

③→　0.5cm

③軸心插入步驟2的中央並預留0.5cm，黏貼固定。

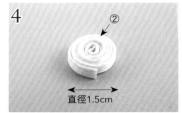

4

②

直徑1.5cm

將②盤座捲成扁平狀，止捲處以白膠黏貼。

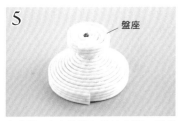

5

盤座

在步驟3突出的軸心塗抹白膠，對齊步驟4的盤座中央，插入固定。

6

將步驟5翻至正面的模樣。

7

④

在1片④把手的邊端0.2cm塗膠，黏接成圈狀後壓成橢圓形。製作2個。

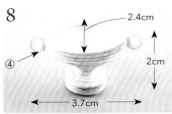

8

2.4cm
2cm
④
3.7cm

如圖示以橢圓形的長邊為黏貼面，將步驟7的把手垂直置於湯盅左右兩側的中央處。塗裝（生褐色／參照P.26）後即完成。

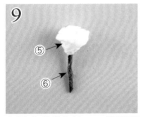

9

⑤
⑥

參照「薔薇作法」，使用事先展開成紙片狀的⑤花朵，裁成1/2寬後與⑥花莖製作1枝薔薇。

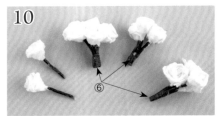

10

⑥

以步驟9的作法製作15枝薔薇，在展開成紙片狀的⑥上塗抹白膠，捲繞數枝花莖，收整成花束。

11

將步驟10的花束花朵朝外，整理角度作成圓頂狀，再以白膠黏合花莖固定。

12

3.8cm
3.7cm

在步驟8的內側塗抹白膠，放入步驟11，固定後即完成。

※花朵大小可依照展開的紙片寬度調整變化，大＝1/2寬（0.7cm）、小＝1/3寬（0.5cm）。1股紙片的長度則是，小＝10cm、大＝13cm。

❀ **薔薇作法** ❀

例）＊紙藤帶的裁剪片數
①花朵　小梅／取1股　10 cm × 1片
②花莖　玉露／取1股　5 cm × 1片

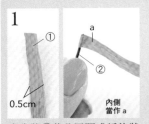

1

①
②
a
0.5cm
內側
當作a

事先將①花朵展開成紙片狀（參照P.28），裁成1/3寬（0.5cm），在②花莖前端塗抹白膠後，捲繞①1次。

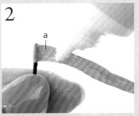

2

a

在a側稍離軸心的位置，塗抹少量白膠。

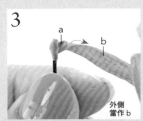

3

a
b

將a側往外側扭轉。此時的之間形成蓬滿寬鬆狀。
外側當作b

4

注意不要弄壞已扭好的摺山，如圖示旋轉花莖後，再次黏貼固定。

5

重複步驟3・4，一直捲至終端。薔薇花朵完成。

❋ 斗櫃

＊紙藤帶的裁剪片數

		顏色/股數	尺寸
①	頂板	白鼠色／取 12 股	65 cm × 1 片
②	頂板邊條	白鼠色／取 3 股	29 cm × 1 片
③	前・背板	白鼠色／取 12 股	110 cm × 2 片
④	側板	白鼠色／取 12 股	48 cm × 2 片
⑤	補強板	白鼠色／取 12 股	30 cm × 2 片
⑥	底板	白鼠色／取 12 股	9 cm × 4 片
⑦	底板	白鼠色／取 2 股	9 cm × 2 片
⑧	側板邊條	白鼠色／取 3 股	7.5 cm × 4 片
⑨	底板邊條	白鼠色／取 3 股	9 cm × 2 片
⑩	抽屜	白色／取 12 股	8.6 cm × 4 片
⑪	抽屜	白鼠色／取 9 股	8 cm × 4 片
⑫	把手	可可亞／取 2 股	1 cm × 8 片

＊副材料
厚紙板（1mm）
❶濾紙

1
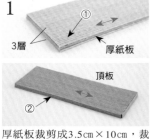

厚紙板裁剪成3.5cm×10cm，裁剪①頂板，以水平方向無間隙地緊密黏貼於厚紙板兩面。接著再裁剪②頂板邊條，包覆黏貼4邊。

2
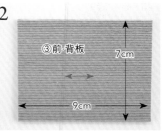
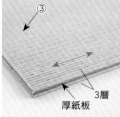

厚紙板裁剪7cm×9cm，裁剪③前・背板，以水平方向無間隙地緊密黏貼於厚紙板兩面。製作2片。

3
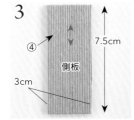

厚紙板裁剪成3cm×7.5cm，裁剪④側板，同步驟2的要領黏貼。製作2片。

4
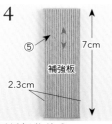

厚紙板裁剪成2.3cm×7cm，裁剪⑤補強板，同步驟2的要領黏貼。製作2片。

5
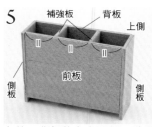

在前・背板的左右兩側，黏貼側板成直角，並將2片補強板等間隔嵌入其中，上側的截面要齊頭。

6
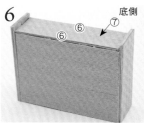

底板參照P.29-「同方向黏貼」作法，將2片⑥與1片⑦黏貼成2層，置於步驟5的前・背板底側，黏貼固定。※底板不使用厚紙板，直接黏貼。

7
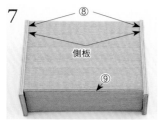

分別將⑧側板邊條・⑨底板邊條一一黏貼在側板・底板的前後截面上。

8

在步驟7上側的截面塗抹白膠，將步驟1的頂板對齊背板，置於左右中央處之後，黏貼固定。

9
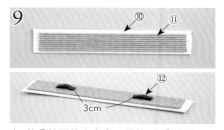

在1片⑩抽屜的中央處，疊放1片⑪抽屜，黏貼固定。使用圓嘴鉗壓平⑫把手兩端0.2cm，以中央懸空的方式浮貼。製作4組。

10

將步驟9等間隔黏貼在步驟8的前板上。塗裝（生褐色／參照P.26）後即完成。

❋ 鏡子

＊紙藤帶的裁剪片數（白色）

		股數	尺寸
①	本體	取 12 股	100 cm × 1 片
②	邊條	取 3 股	35 cm × 1 片
③	鏡框	取 4 股	5.7 cm × 2 片
④	鏡框	取 4 股	8.7 cm × 2 片
⑤	鏡框	取 3 股	5.5 cm × 2 片
⑥	鏡框	取 3 股	8.5 cm × 2 片
⑦	裝飾	取 3 股	5 cm × 2 片

＊副材料 厚紙板（1mm）　鏡面板

1
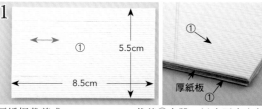

厚紙板裁剪成5.5cm×8.5cm，裁剪①本體，以水平方向無間隙地緊密黏貼於厚紙板的兩面。

2

裁剪邊條，包覆黏貼4邊的截面。

3
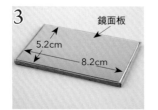

鏡面板裁剪成5.2cm×8.2cm，黏貼於步驟2的中央。

4
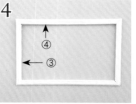

裁剪③・④鏡框的邊角，以倒角框作法（參照P.26）對齊黏貼。

5
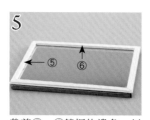

裁剪⑤・⑥鏡框的邊角，以倒角框作法對齊黏貼。疊放在步驟4的鏡框上黏合，再置於步驟3上黏貼固定。

6
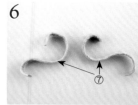

如圖示，使用圓嘴鉗將⑦裝飾的兩端彎摺成S形。

7
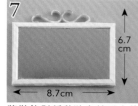

將裝飾對稱黏貼在鏡子上緣中央，塗裝（金屬銀色／參照P.26）後即完成。

✿ 椅子＆薔薇花束

＊紙藤帶的裁剪片數

① 椅面 　　白色／取 12 股　　3 cm × 2 片
② 椅面 　　白色／取 12 股　　2.6 cm × 2 片
③ 椅面 　　白色／取 2 股　　2.6 cm × 1 片
④ 椅面邊條　白色／取 2 股　　12 cm × 1 片
⑤ 椅腳 　　白色／取 3 股　　3 cm × 12 片
⑥ 椅腳橫檔　白色／取 3 股　　2 cm × 12 片
⑦ 椅背 　　白色／取 2 股　　4 cm × 8 片
⑧ 椅背 　　白色／取 6 股　　4 cm × 2 片
⑨ 花朵 A　　櫻花／取 1 股　　10 cm × 1 片

⑩ 花朵 B　　青瓷色／取 1 股　　10 cm × 3 片
⑪ 花莖 ⎰ 松葉／取 1 股　　5 cm × 8 片
　　　 ⎱ 萌黃／取 1 股　　5 cm × 2 片

＊副材料
② 薄葉紙
⑦ 寬 0.3 cm的緞帶

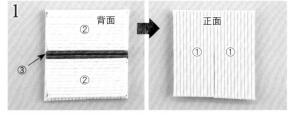

1

①至③椅面依照「縱・橫黏貼法」（參照P.29），黏合成2層。

2

將兩側2股寬的部分，如圖示斜裁。

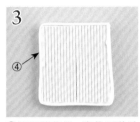

3

④椅面邊條沿4邊截面黏貼包覆1圈。

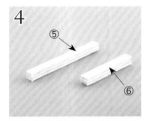

4

⑤椅腳與⑥椅腳橫檔每3片疊放黏合，各製作4組。

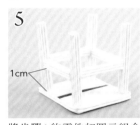

5

將步驟4的零件如圖示組合對齊後，黏貼固定，再黏合於椅面的背面。

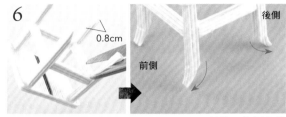

6

如圖示以剪刀斜剪步驟5的椅腳，前側往前剪、後側往後剪。再將剪好的椅腳分別往前、後側彎曲。

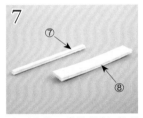

7

分別將⑦・⑧椅背每2片疊放黏合。⑦製作4組。

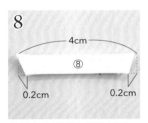

8

⑧的左右兩側如圖示斜剪。

9

將⑦等間隔黏貼於⑧的下緣上。

10

將椅背固定於椅面後側。

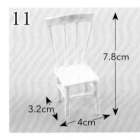

11

塗裝（生褐色／參照P.26）後即完成。

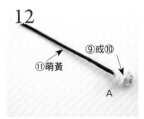

12

參照P.41-薔薇作法，在⑪花莖上，以1片⑨花朵A或⑩花朵B展開的紙片，裁成1/3的寬幅製作花朵。花朵A製作2枝、B製作8枝。

13

將10枝薔薇收成束，花莖中央以白膠黏合固定。②薄葉紙裁剪成扇形，包裝薔薇花束，收整後黏貼固定。

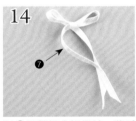

14

以⑦緞帶繫成蝴蝶結，將垂下來的緞帶以白膠固定於1處，作出造型。

15

將步驟14黏貼於步驟13上。薔薇花束完成。

16

將薔薇花束擺放在椅子上。

✿ 相框 A・B

＊紙藤帶的裁剪片數（白色／1 個份）

① 本體　取 5 股　　5 cm × 2 片
② 本體　取 5 股　　7 cm × 2 片
③ 本體　取 4 股　　4.8 cm × 2 片
④ 本體　取 4 股　　6.8 cm × 2 片

＊副材料
⑧ 松蘿

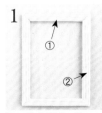

1

①・②本體各2片，以倒角框作法（參照P.26）黏貼。

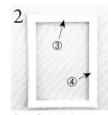

2

③・④本體各2片，以倒角框作法（參照P.26）黏貼後，疊放於步驟1上固定。

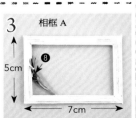

3

進行塗裝（生褐色／參照P.26）後，適當黏貼⑧松蘿即完成。※製作2組，相框A擺放在窗戶下，相框B則黏貼於牆壁A上。

＊紙藤帶的裁剪片數

①軸繩　可可亞／取2股　15 cm × 2片
②軸繩　可可亞／取2股　10 cm × 4片
③編織繩　可可亞／取1股　100 cm × 2片

④花朵 A　櫻花／取1股　10 cm × 4片
⑤花朵 B　乳白／取1股　10 cm × 4片
⑥花莖　萌黃／取1股　2.5 cm × 12片
⑦花莖　松葉／取1股　2.5 cm × 12片

＊副材料
⑧松蘿

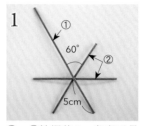
1
①・②軸繩的5cm處交叉疊放，黏貼成放射狀。

2
將③編織繩對摺，掛在最底下的軸繩上，進行右旋編織（參照P.30）。

3
右旋編織2圈後，編織繩暫時休織。

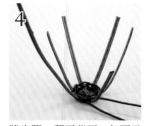
4
將步驟3翻至背面，如圖示向上立起軸繩。

5
看著外側，以休織的編織繩編得稍微寬一些，編至第6圈。

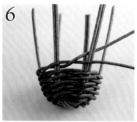
6
第7圈則以一次扭轉編（參照P.30）繼續編織。

7
以一次扭轉編編織1圈。

8
收編處則是分別將編織繩穿入內側的編目中，再拉緊。

9
於編目噴灑水霧後，收緊編目，修整形狀。

10
編織繩保留0.3cm後，裁剪多餘部分。保留①軸繩不剪，其餘②軸繩則預留1cm後裁剪。

11
將剪好的②軸繩往內側彎摺，利用尖嘴鉗等工具插入內側的編目中。

12
將②軸繩穿入內側編目中的模樣。①軸繩預留5cm後剪。

13
①軸繩的末端塗抹白膠，穿入步驟12箭頭指示處的內側編目中，黏貼固定。

14
噴灑水霧，籃口以指尖施壓成橢圓形，完成提籃。製作2個。

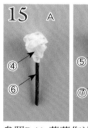
15
參照P.41-薔薇作法，在⑥・⑦花莖上，以1片④花朵A或⑤花朵B展開的紙片，裁成1/3的寬幅製作薔薇。

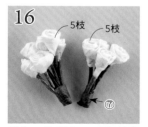
16
製作10枝花朵A，每5枝收成束後，以白膠黏貼固定。再用事先展開成紙片的2片⑦包覆纏繞。

17
製作10枝花朵B，同步驟16的作法，每5枝收整成束，再以2片⑥的紙片纏繞。

18
在吊籃內鋪滿⑧松蘿後，黏貼固定，步驟16的花莖前端同樣塗抹白膠，插入籃中固定。

19
同步驟18的作法，固定步驟17的花束。

20
將吊籃掛在窗戶內側的掛鉤上，完成。

❀ 桌燈

＊紙藤帶的裁剪片數
①燈罩　月白色／取 12 股　　3 cm × 6 片
②補強　月白色／取 1 股　　10 cm × 2 片
③燈罩頂　月白色／取 12 股　1.5 cm × 1 片
④燈桿　亞麻色／取 8 股　　5 cm × 1 片
⑤底座　亞麻色／取 3 股　　13 cm × 1 片

＊副材料
❾寬 0.5 cm的蕾絲織帶

1

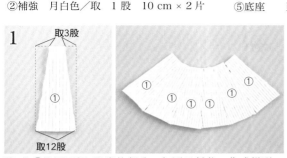

將1片①燈罩兩側3股寬的部分，如圖示斜裁，作成梯形。以相同作法裁剪6片，再將斜裁的部分對齊黏合（參照P.28）。

2

將②補強對齊步驟1上下端的弧度，分別黏貼。如圖示上端預留0.5cm，下端預留1cm之後，裁剪。

3

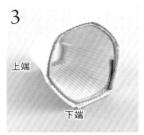

將步驟2捲繞成圓錐狀，預留的②邊端則重疊黏貼於內側，燈罩兩端的截面對齊後黏合。

4

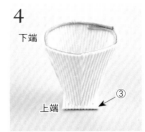

將③燈罩頂黏貼於步驟3的頂端。

5

沿燈罩邊緣剪去多餘部分，完成燈罩。

6

在④燈桿上塗抹白膠，縱向捲起固定。使用圓嘴鉗將⑤燈座一邊錯開1股的寬度一邊捲繞，止捲處以白膠黏貼固定。

7

為了避免變形，要在燈座內側塗抹白膠固定。將燈桿插入中央，黏貼固定。

8

❾蕾絲織帶對摺，中心處塗抹白膠後以鑷子夾住固定，製作出蝴蝶結的形狀。

9

在燈桿頂端塗抹白膠，放上步驟5與燈罩頂黏貼固定，再將步驟8的蝴蝶結黏在燈罩上。塗裝（生褐色／參照P.26）後即完成。

❀ 小冊子・裝飾方法

＊副材料
❶濾紙
❸印花紙

1

❶濾紙撕成3.5cm×3cm，放上對摺的❸印花紙，黏貼固定。塗裝（生褐色／參照P.26）後即完成。

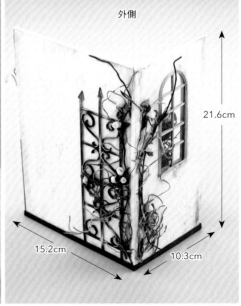

將❺寬6cm的薄紗蕾絲鋪在地面，放上椅子。❻寬2cm的蕾絲則鋪在斗櫃上，再適當地擺放鏡子及各部件裝飾，完成。

3　南法餐廳一角

♛ P.8的作品

＊材料　蛙屋紙藤帶（50m／卷、10m／卷）

50m／卷：牛皮紙	1卷	李子	1卷	綠色	1卷
10m／卷：白色	2卷	桃子	1卷	亞麻色	1卷
豆沙粉膚色	1卷	可可摩卡	1卷	鶯綠	1卷
乳白	1卷	小梅	1卷	淡青色	1卷
小雞	1卷	橘色	1卷	月白色	1卷

＊副材料

厚2mm的厚紙板（A4尺寸）　1片
厚1mm的厚紙板（A4尺寸）　1片
壓克力顏料（白色、生褐色）
彎剪
＊工具　參照P.25
＊完成尺寸　參照最終步驟圖

＊其他材料

❶麻布（內牆用＝15cm×22cm）
（圍裙用＝6.5cm×4.5cm）
❷麻布（布料用＝6.5cm×3cm）6片
（提籃用＝3cm×3cm）3片
❸廚房紙巾
（醬料盅用＝2cm×2cm）3片
（橘子用＝3cm×3cm）5片
❹仿舊外文書
❺寬3.5cm的蕾絲（地墊用＝10.5cm）

❻寬3cm的蕾絲
（頂板用＝6cm、提籃用＝5.5cm）
❼雪紡布（9cm×20cm）
❽濾紙（無漂白）
❾麻線

作法 （為了更易於理解，在此將改換紙繩配色進行示範）

✿ 內牆・外牆・地面

＊紙藤帶的裁剪片數

①內・外牆	白色	／取12股	240cm×	2片
②地面	豆沙粉膚色	／取12股	370cm×	1片
③地板邊條	豆沙粉膚色	／取7股	36cm×	1片
④踢腳邊條	豆沙粉膚色	／取12股	0.5cm×	2片
⑤外緣	豆沙粉膚色	／取12股	14cm×	1片
⑥牆壁邊條	白色	／取4股	58cm×	1片
⑦踢腳板	豆沙粉膚色	／取12股	14cm×	1片
⑧地板	豆沙粉膚色	／取8股	14cm×	10片
⑨角架	豆沙粉膚色	／取6股	15cm×	2片
⑩角架	豆沙粉膚色	／取6股	2cm×	2片
⑪支撐架	豆沙粉膚色	／取6股	1.6cm×	2片
⑫支撐架	豆沙粉膚色	／取6股	3.2cm×	2片
⑬磚塊	豆沙粉膚色	／取8股	2cm×	8片
⑭磚塊	乳白	／取8股	2cm×	16片
⑮磚塊	白色	／取8股	2cm×	13片
⑯磚塊	豆沙粉膚色	／取8股	1cm×	13片

＊副材料　厚紙板（2mm）

❶麻布（內牆用）　❹仿舊外文書
❼雪紡布　❽濾紙　❾麻線

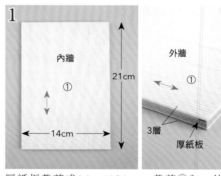

1

內牆
①
21cm
14cm

外牆
①
3層
厚紙板

厚紙板裁剪成14cm×21cm，裁剪①內・外牆，以垂直方向無間隙地黏貼於厚紙板上。

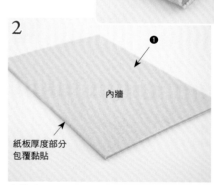

2

❶
內牆
紙板厚度部分包覆黏貼

將❶麻布黏貼於內牆上，並且包覆黏貼兩側與牆頂的紙板厚度部分。

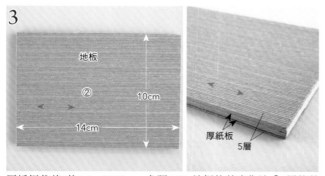

3

地板
②
10cm
14cm

厚紙板
5層

厚紙板裁剪2片14cm×10cm，參照P.27-地板的基底作法「5層的基底」，裁剪②地面進行黏貼。

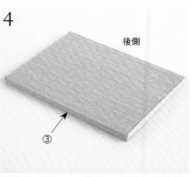

4

後側
③

僅後側不貼，在轉角處裁斷③地板邊條，一邊包覆黏貼其他3邊。

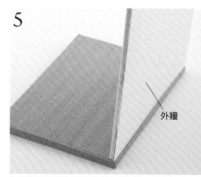

5

外牆

如圖示將牆面對齊地面後緣，對齊黏貼成直角。

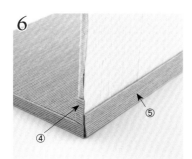

④踢腳邊條貼合地面，黏貼在牆面的左右兩側。將⑤外緣黏貼在地面紙板與外牆上。

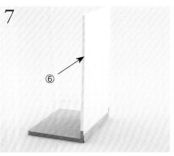

⑥牆壁邊條貼合④進行黏貼，一邊在邊角處裁斷，一邊包覆黏貼3邊。

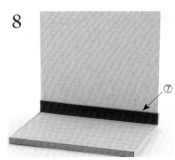

沿內牆邊緣黏貼⑦踢腳板。

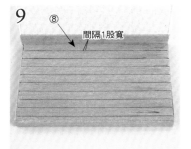

間隔1股寬

將1片⑧地板貼合內牆的踢腳板黏貼，自第2片開始，間隔1股寬來黏貼。第10片則配合餘下寬度，分割後再黏貼。地板進行塗裝（生褐色／參照P.26）。

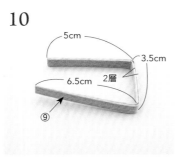

5cm
3.5cm
6.5cm
2層

將2片⑨角架疊放黏貼，趁白膠尚未乾燥之前，依照5cm、3.5cm、6.5cm的順序，如圖示摺彎，最後將兩端修剪整齊。

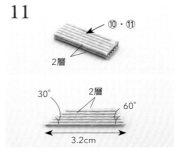

⑩・⑪
2層
30°　2層　60°
3.2cm

分別將⑩角架・⑪・⑫支撐架每2片貼合。⑫的左右兩側如圖示斜剪。

5cm
內牆側
⑩

將步驟10的兩邊端重疊0.5cm黏合，⑩如圖對齊，黏貼在內側。

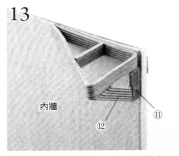

內牆
⑫　⑪

將步驟12的內牆側對齊內牆邊角，水平貼齊牆頂，下緣如圖示貼合⑪與⑫的支撐架黏貼。

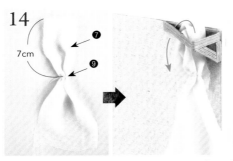

⑦
7cm
⑨

⑦雪紡布的長邊垂直，在上方7cm處縮縫褶襉後，以⑨麻線打結。由步驟13 的角架下方穿入，掛在⑩上，裝飾成窗簾風格。

內牆

內牆側完成。

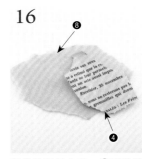

⑧
④

將④仿舊外文書、⑧濾紙撕成約5至7cm左右的大小。

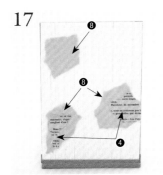

⑧　⑧　④

將撕碎的④・⑧紙片適當黏貼在外牆上。

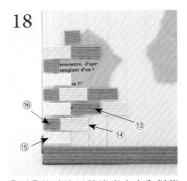

⑯　⑬
⑭
⑮

⑬至⑯的磚塊以牆邊尚未完全剝落的殘垣氛圍，以間隔0.1cm的方式隨意拼貼黏上。

在磚塊及紙張上加深白色壓克力顏料的色彩，讓邊線呈現模糊不清的樣子來塗裝（白色／參照P.26）。

外牆

外牆側完成。

47

＊紙藤帶的裁剪片數

＜下櫃＞

①檯面	牛皮紙色／取12股	10 cm × 6片
②檯面	牛皮紙色／取12股	4 cm × 8片
③檯面邊條	牛皮紙色／取 4股	33 cm × 1片
④側板	白色　　／取12股	40 cm × 2片
⑤背板	白色　　／取12股	110 cm × 1片
⑥底板	白色　　／取12股	38 cm × 1片
⑦直隔板	白色　　／取12股	25 cm × 2片
⑧橫隔板	白色　　／取12股	13 cm × 4片
⑨本體邊條	白色　　／取 3股	78 cm × 1片
⑩面板	白色　　／取12股	73 cm × 1片

⑪裝飾線板	白色　　／取 3股	30 cm × 1片
⑫抽屜	白色　　／取12股	2.6 cm × 5片
⑬抽屜	白色　　／取 4股	2.6 cm × 2片
⑭門片	白色　　／取12股	20 cm × 2片
⑮門片邊條	白色　　／取 3股	16 cm × 2片
⑯門片框	白色　　／取 3股	16 cm × 2片
⑰門片飾片	白色　　／取12股	3.5 cm × 2片
⑱把手	牛皮紙色／取12股	10 cm × 1片

＜上櫃＞（白色）

⑲背板	取12股	105 cm × 1片
⑳側板	取12股	36 cm × 2片
㉑層板	取12股	37 cm × 2片
㉒本體邊條	取 3股	55 cm × 1片

㉓下頂板	取12股	37 cm × 1片
㉔上頂板	取12股	50 cm × 1片
㉕頂板邊條	取 3股	25 cm × 2片
㉖裝飾底座	取12股	8 cm × 2片
㉗飾花	取 2股	5 cm × 4片
㉘飾花	取 2股	1.5 cm × 2片
㉙掛鉤	取 2股	1 cm × 4片

＊副材料 厚紙板（1mm）

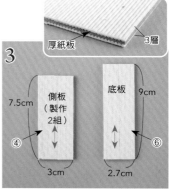

1

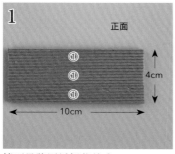
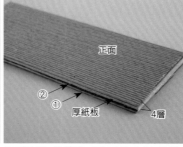

檯面是將厚紙板裁剪成4cm×10cm，表面是以3片①檯面水平黏貼在厚紙板上。背面則分別將8片②檯面、3片①檯面，以「縱・橫黏貼法」毫無間隙貼成2層（參照P.29）。

2

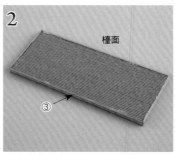

一邊裁剪③檯面邊條，一邊黏貼包覆步驟1的周圍1圈。

3

側板是將厚紙板裁剪成3cm×7.5cm，一邊裁剪④側板，以垂直方向無間隙地黏貼於厚紙板的兩面。底板則是將厚紙板裁剪成9cm×2.7cm，同側板作法黏貼⑥底板。側板製作2組。

4

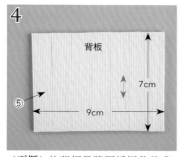

＜下櫃＞的背板是將厚紙板裁剪成9cm×7cm，同側板作法，一邊裁剪⑤背板一邊黏貼。

5

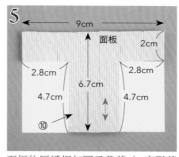

面板的厚紙板如圖示裁剪（T字形剪下的　部分，將作為門片的厚紙板使用），同側板作法，一一黏貼⑩面板。

6

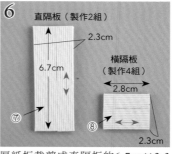

厚紙板裁剪成直隔板的6.7cm×2.3cm，與橫隔板的2.3cm×2.8cm，同側板作法，分別黏貼⑦直隔板與⑧橫隔板的紙藤帶。直隔板製作2組，橫隔板製作4組。

7

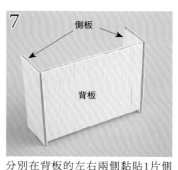

分別在背板的左右兩側黏貼1片側板，注意上方需平行對齊。

8

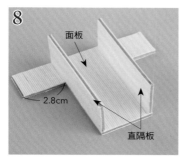

將2片直隔板對齊面板的中央兩側（2.8cm處），黏貼成直角。

9

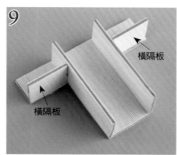

2片橫隔板如圖示對齊面板兩側下緣，分別黏貼成直角。

10

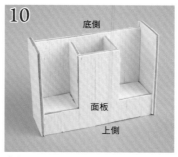

步驟7與9上下顛倒放置後，將面板嵌入背板與側板之間，上側平行對齊後，黏貼固定直・橫隔板。

11

將步驟3的底板嵌入步驟10的底側內部，與側板內側黏貼固定。

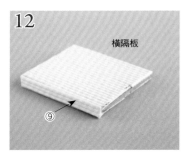

12 横隔板 ⑨

裁剪⑨本體邊條，分別黏貼於2片橫隔板其中1邊的截面上。※剩餘的⑨之後使用。

13 橫隔板

在步驟 12 的橫隔板3邊塗抹白膠，嵌入面板兩側下方的中央處，黏貼固定。

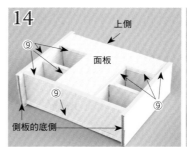

14 上側 ⑨ 面板 ⑨ ⑨ ⑨ 側板的底側

側板底側與上側的截面維持原狀，餘下所有截面分別裁剪⑨之後，如圖示包覆黏貼。

背板 ⑨

15 檯面

步驟2的檯面與背板上側平行對齊，置於中央黏貼固定。

16 ⑪

一邊裁剪⑪裝飾線板，一邊黏貼在面板中央左右的直隔板上、兩側橫隔板的2.8cm處&中央，以及中央切齊隔板的位置，共黏貼4個地方。

17 A ⑫ ⑫ ⑫ A A ⑬ ⑫

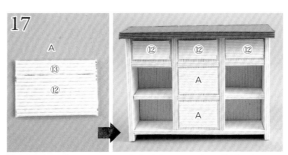

⑫·⑬抽屜各1片對齊後黏貼（參照P.28），製作2組，以此為A，黏貼在面板中央處。餘下的⑫黏貼在上方3處。

18 門片 4.5cm ⑭ 2.4cm

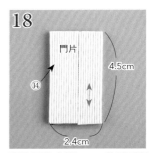

門片是將步驟 5 □ 的厚紙板裁剪成2.4cm×4.5cm，一邊裁剪⑭門片，一邊垂直黏貼於厚紙板的兩面。製作2組。

19 ⑮

一邊裁剪⑮門片邊條，一邊黏貼包覆邊緣1圈。

20 ⑱ 直徑3mm ⑱ 2層

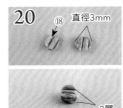

使用孔徑3mm的打孔機裁出4個⑱把手，黏合成2層。製作2組。

21 ⑯ ⑰ ⑱

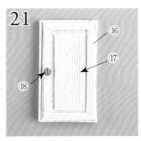

裁剪⑯門片框，以倒角框作法（參照P.26）黏貼於步驟19上，再將1片⑰門片飾板黏貼於中央。步驟 20 的把手黏貼在門片框上。

22 ⑱ 2層 直徑6mm

門片無需固定，直接嵌入左右兩側裝飾即可。使用孔徑6mm的打孔機裁出5個⑱把手，再對半裁剪成半圓形，黏合成2層。製作5組，黏貼在抽屜上，＜下櫃＞完成。

23 背板 ⑲ 8.5cm 8cm

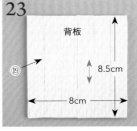

＜上櫃＞的背板是將厚紙板裁剪成8.5cm×8cm，再裁剪⑲背板，同步驟 3 側板的作法黏貼。

背板 ㉒

24 側板 側板 背板 ⑳ 8.5cm 2.6cm

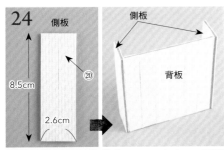

側板是將厚紙板裁剪成2.6cm×8.5cm，同步驟 3 側板的作法，一邊裁剪1片⑳側板一邊黏貼。製作2組，對齊步驟 23 背板的左右兩側邊端，黏貼成直角。

25 2.3cm 層板 8cm ㉑

層板是將厚紙板裁剪成2.3cm×8cm，同步驟3側板的作法，一邊裁剪1片㉑層板一邊黏貼。製作2組。

26 3cm 2.5cm 3cm ㉒ ㉒

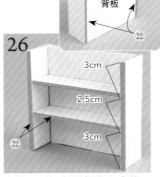

步驟 25 的2組層板嵌入步驟24內側後，黏貼固定。裁剪㉒本體邊條，黏貼包覆側板前、後與隔板前側的截面。

27 2.8cm ㉔ 上頂板 8.8cm 2.6cm ㉓ 下頂板 8.6cm

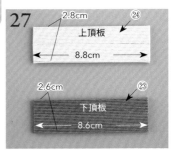

下頂板是將厚紙板裁剪成2.6cm×8.6cm，上頂板則裁剪成2.8cm×8.8cm，分別裁剪㉓下頂板·㉔上頂板，同步驟 3 側板的作法黏貼。

28 下頂板 ㉕

將步驟27的下頂板疊放黏貼於步驟26的上方。在轉角處裁斷㉕頂板邊條，一邊黏貼包覆頂板的邊緣1圈。

29 上頂板 ㉕

將步驟27的上頂板疊放在步驟28的上方，對齊後側並置於中央後黏貼固定。在轉角處裁斷㉕，一邊黏貼包覆頂板的邊緣1圈。

30 ＜上櫃＞ ＜下櫃＞

將步驟29的＜上櫃＞疊放在步驟22的＜下櫃＞，後側對齊平行，且置於中央後黏貼固定。

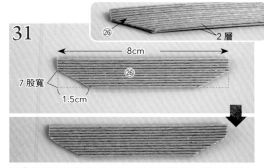

31 ㉖ 2層 8cm ㉖ 7股寬 1.5cm

將㉖裝飾底座黏貼成2層，下方兩邊角如圖示斜剪。再進一步修剪邊角，整理形狀。

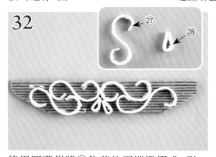

32 ㉗ ㉘

使用圓嘴鉗將㉗飾花的兩端彎摺成S形。㉘飾花則是將兩端黏合成水滴形。㉗製作4個，㉘製作2個，如圖示，由中央開始對稱黏貼。

33 ＜上櫃＞

將步驟32疊放在下頂板的前緣，置於中央後黏貼固定。

34 ㉙ ＜上櫃＞

㉙掛鉤如圖示修剪一端的邊角對摺，依照片中的位置黏貼於上櫃。

35 17.2cm 10.2cm 4.2cm

進行塗裝（生褐色／參照P.26），餐具櫃完成。

❀ 食物罩

＊紙藤帶的裁剪片數
①軸繩　白色／取2股　15cm×4片
②編織繩　白色／取1股　190cm×1片
③把手　白色／取2股　2cm×1片
④緞帶　小梅／取1股　5cm×1片

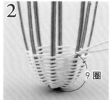

1 ② ①

將2條①軸繩的中央黏貼成十字形。製作2組，並且黏貼成放射狀。將②編織繩對摺，進行右旋編織1圈，將①軸繩如圖示向上立起（參照P.30）。

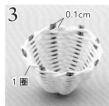

2 9圈

以右旋編織朝外編織得寬一些，編至9圈為止。

3 0.1cm 1圈

參照P.30-「一次扭轉編的編織方法」編織1圈，噴灑水霧後收緊編目，裁剪①‧②繩端的多餘部分。

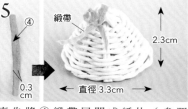

4 ③ 0.2cm

將③把手兩端的0.2cm摺彎，黏貼在步驟3的起編側。

5 ④ 0.3cm 緞帶 直徑3.3cm 2.3cm

事先將④緞帶展開成紙片（參照P.28），作出蝴蝶結的形狀後，以白膠固定在本體上。完成。

❀ 醬料盅

＊紙藤帶的裁剪片數（乳白）
①本體　取12股　3cm×2片

②底座　取6股　2cm×1片
③把手　取2股　2cm×1片
＊副材料　彎剪
③廚房紙巾（醬料盅用）

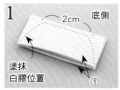

1 2cm 底側 塗抹白膠位置 ① ② 2cm ①

在距離①本體兩端0.5㎝處畫記號，接著如圖示在疊放的2片①上畫出弧線，以白膠貼兩端，塑形出開口。修剪②底座的邊角，剪成橫長的六角形。

2

裁剪底側左右兩側的0.5㎝處，將本體與底座黏合。使用彎剪修剪出壺口形狀。

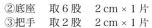

3 ③ ③ 3.2cm 1.5cm ③

③提把摺彎成吊耳狀，再將邊端與側邊黏合。③廚房紙巾剪成小片，放入即完成。

❀ 碗

＊紙藤帶的裁剪片數（1個份）
①本體　白色／取3股　19cm×1片
②邊條　李子／取1股　6cm×1片

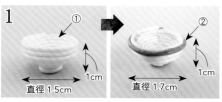

1 ① ② 直徑1.5cm 1cm 直徑1.7cm 1cm

使用圓嘴鉗將①本體一邊錯開1股的寬度一邊捲繞，止捲處以白膠黏貼。將②邊條沿著①邊緣的凹陷處黏貼1圈，兩端重疊0.1㎝，剪去多餘部分即完成。製作2個。

❀ 淺口籃＆橘子

＊紙藤帶的裁剪片數
①軸繩　牛皮紙色／取 2 股　8 cm×3 片

②編織繩　牛皮紙色／取 1 股　85cm×1 片
③橘子　橘色　／取 1 股　5 cm×5 片
④蒂頭　綠色　／取 1 股　0.2cm×5 片

＊副材料　❸廚房紙巾（橘子用）

1
3 條①軸繩對齊中央處，疊放成放射狀黏貼固定。

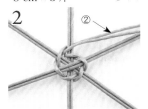

2
將②編織繩對摺，掛在軸繩上，以右旋編織（參照P.30）編織1圈。編織繩暫時休織。

3
將步驟 2 翻至背面，再將6條軸繩向上立起。

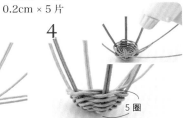

4
以右旋編織漸漸朝外擴張地編織5圈，收編處的紙藤分別穿入內側的編目中，於編目噴灑水霧後收緊，修整形狀。

5 圈

5
裁剪編織繩，剩餘的軸繩預留0.1cm之後裁剪。

0.1cm　1.1cm

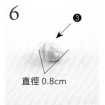

6
手掌沾取少量的水，將❸廚房紙巾揉圓後靜置晾乾。

直徑 0.8cm

7
將1片③橘子展開成片狀（參照P.28），在步驟6上塗抹白膠後，纏繞固定。以錐子製作凹陷處，1片④蒂頭上塗抹白膠後，插入黏貼。製作5顆。

直徑 0.8cm

8
橘子放入淺口籃裡，以白膠固定即完成。

直徑 2.5cm　1.6cm

❀ 馬克杯（配色）

＊紙藤帶的裁剪片數（1 個份）
①本體　乳白／取 5 股　3.5 cm×1 片
②本體　李子／取 1 股　3.5 cm×1 片
③杯底　乳白／取 12 股　1.5 cm×1 片
④把手　李子／取 2 股　2 cm×1 片

1
①・②本體對齊後貼合（參照P.28），塗膠處0.5cm重疊，後續作法同馬克杯（單色）。製作2個。

1.5cm　1cm

❀ 蛋糕＆盤子

＊紙藤帶的裁剪片數

①蛋糕本體　A-a 白色・可可摩卡／取 12 股　3 cm×各 2 片
　　　　　　B-b 乳白　　　　　／取 12 股　3 cm×各 2 片
　　　　　　A-c・B-c 桃子　　　／取 12 股　3 cm×各 1 片

②蛋糕側面　白色・可可摩卡／取 5 股　1 cm× 各 1 片
③草莓　李子　　　　　／取 1 股　3 cm× 2 片
④奶油　白色・可可摩卡／取 1 股　2 cm× 各 1 片
⑤盤子　a・b 白色　　／取 12 股　2 cm× 4 片

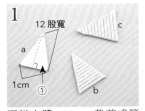

1
12 股寬
a　c　b　1cm

蛋糕本體a・b・c裁剪成等腰三角形。製作a=2片、b=2片、c=1片。

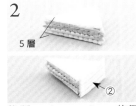

2
5 層

依照a・b・c・b・a的順序，將①黏貼成5層，再貼上②蛋糕側面。

3
直徑 1.6cm

2片⑤盤子對齊貼合（參照P.28），裁成直徑1.6cm的圓，邊緣再以圓嘴鉗作出弧度。

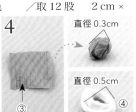

4
直徑 0.3cm
直徑 0.5cm

事先將③草莓展開成片狀（參照P.28），塗抹白膠後揉成小小的丸子狀。以④奶油製作環圈。

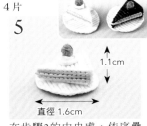

5
A　B
1.1cm

在步驟2的中央處，依序疊放步驟4的奶油與草莓，黏貼固定，再將蛋糕黏貼於盤子上，完成。

直徑 1.6cm

❀ 餐盤

＊紙藤帶的裁剪片數（1 片份）
①盤子 a 乳白　b 李子　c 白色／取 12 股
　2.5 cm×各 2 片

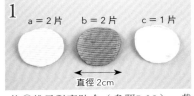

1
a＝2片　b＝2片　c＝1片

2片①盤子對齊貼合（參照P.28），裁成直徑2cm的圓，邊緣再以圓嘴鉗作出弧度，完成。

直徑 2cm

❀ 馬克杯（單色）・杯子＆托碟

＊紙藤帶的裁剪片數（1 個份）
（a 乳白　b 白色　c 小雞）
①本體　　取 8 股　3.5 cm×1 片

②杯底　取 12 股　1.5 cm×1 片
③把手　取 1 股　2 cm×1 片
④托碟　取 12 股　2 cm×2 片（僅 c）

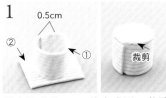

1
0.5cm

①本體重疊0.5cm接合成圈，黏貼②杯底後，沿杯緣剪去多餘部分。

裁剪

2
馬克杯
a＝2 個　b＝2 個

③把手摺彎後貼合兩端，再沿著①的邊端黏貼。a至c每款各製作2個。

1.5cm　1cm

3
杯子＆托碟
c＝2 組
1.2cm

僅 c 依照「蛋糕＆盤子」的作法製作托碟，與杯子黏貼固定即完成。

1.6cm

❄ 長凳・圍裙

＊紙藤帶的裁剪片數（除指定以外皆為豆沙粉膚色）

①椅面　取 12 股　7 cm × 2 片

②椅面　取 6 股　7 cm × 2 片
③椅面　取 12 股　2 cm × 6 片
④椅腳　取 4 股　3.5 cm × 12 片
⑤椅腳橫檔　取 4 股　6 cm × 6 片
⑥椅腳橫檔　取 4 股　1 cm × 12 片
⑦圍裙　亞麻色／取 1 股　18 cm × 1 片

＊副材料　❶麻布（圍裙用）

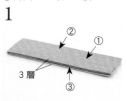

1

2 0.5cm / 3層

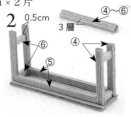

3 2cm / 3.8cm / 7 cm

4 8cm / 1.8cm / 6.5cm / 5cm / 5cm / 0.5cm / 4.3cm

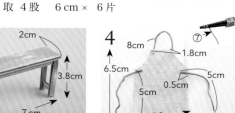

單結

5

椅面以①・②各2片及6片③，參照P.29-「交錯黏貼法」貼合成3層。

④椅腳、⑤・⑥椅腳橫檔，每3片疊合黏貼，④・⑥製作4組，⑤製作2組。如圖示於椅面背面組合黏貼。

塗裝（白色／參照P.26）之後，長凳完成。

圍裙是將❶麻布如圖示裁剪，⑦圍裙則分成腰帶＝5cm×2片、繞頸肩帶＝8cm，以圓嘴鉗塑造出彎曲弧度後，如圖示黏貼。置於長凳上作為裝飾。

❄ 木箱

＊紙藤帶的裁剪片數（牛皮紙色／1 個份）

①箱底　取 12 股　3 cm × 2 片

②箱底　取 6 股　3 cm × 2 片
③側板　取 8 股　3 cm × 2 片
④側板　取 8 股　2.3 cm × 2 片

＊副材料　❷麻布（布料用）

1

2 0.9cm

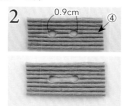

3

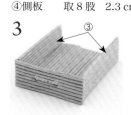

4 0.9cm / 2.3cm / 3.2cm

5 ❷

①・②箱底各2片以同方向黏貼作成2層（參照P.29）。

2片④側板使用孔徑2mm的打孔機於2處打洞，再裁去中間的部分。

將③側板黏貼在步驟1的長邊外側，步驟2的④則是與箱底的短邊＆③貼合。

塗裝（生褐色／參照P.26）後即完成。

製作2個，1個放入❷麻布，另1個裝入「調味料瓶」作為裝飾。

❄ 調味料瓶

＊紙藤帶的裁剪片數（①至③＝乳白、④＝依個人喜好／各1個份）

①本體大　取 12 股　1.5 cm × 2 片
②本體中　取 12 股　1 cm × 2 片

③本體小　取 12 股　0.8 cm × 2 片
④瓶蓋　取 6 股　2 cm × 1 片

1

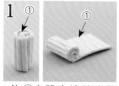

2

④

3 大＝1個 / 中＝8個 / 小＝1個 / 1.7cm / 1.2cm / 1cm

1片①本體大塗抹白膠捲成圓柱狀，再將第2片對齊止捲處黏貼。

步驟1的第2片繼續捲繞固定。使用孔徑6mm的打孔機裁出2個④瓶蓋，疊放黏貼於頂端。

同步驟1・2的要領，運用不同長度的②本體中・③本體小來製作，以喜愛的顏色作為瓶蓋，製作出指定數量。

❄ 提籃

＊紙藤帶的裁剪片數（牛皮紙色）

①軸繩　取 4 股　18cm × 2 片
②編織繩　取 1 股　260cm × 1 片

＊副材料　❷麻布（提籃用）
⑥寬 3.5 cm的蕾絲（提籃用）

1 ❷ / ⑥ / 2cm / 直徑 3.5cm

籃子作法同P.30-「基礎藤籃編法＆右旋編織」。放入2片❷麻布與1片⑥蕾絲即完成。

❄ 書本

＊紙藤帶的裁剪片數（①＝白色、②・③小雞・鶯綠・淡青色・桃子・月白色・李子・小梅／1冊份）

①內頁　取 11 股　2cm × 2 片
②書封　取 12 股　2cm × 2 片
③書背　取 4 股　2cm × 1 片

1 ① / ② / 4層 → 2cm / ③ / 1.6cm

以②書封包夾2片①內頁，書背側的邊端對齊後黏貼成4層，將③書背作出些許弧度，黏貼固定即完成。

內牆側 / 21.9cm / ❻ / 書本 / ❺ / 14.2cm / 10.2cm / 長凳 / 書本

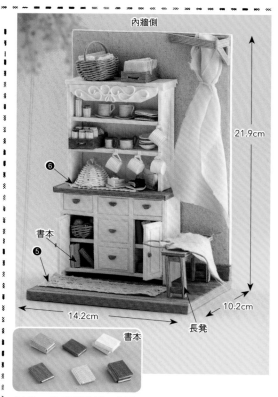

以❺・❻蕾絲點綴。製作9冊書本，並排於門片後的下櫃內。將各部件適當地分布裝飾即完成。

52

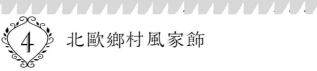

4 北歐鄉村風家飾

＊材料 蛙屋紙藤帶（50m／卷、10m／卷：各1卷）

50m卷：牛皮紙色	松葉	白銀
10m卷：白色	紫羅蘭	黑糖蜜
乳白	薰衣草	青瓷色
沙布列酥餅	小雞	紫陽花
淡青色	黃綠色	
栗子	鶯綠	

＊副材料
厚2mm的厚紙板（A4尺寸）1片
厚1mm的厚紙板（A4尺寸）1片
透明PP板（A5尺寸）1片
壓克力顏料（白色、生褐色）
牙籤4根
＊工具 參照P.25
＊完成尺寸 參照最終步驟圖

＊其他材料

❶雪紡布（深口籃用＝10cm×10cm）
❷薄紗蕾絲（深口籃用＝15cm×9cm）
❸麻布（木箱用＝3cm×6cm）6片
❹薄紗蕾絲（12cm×23cm）
❺寬2.5cm的蕾絲（木箱用＝6cm×7片）
❻濾紙（無漂白）
❼仿舊外文書
❽印花紙
（飾板A用＝4cm×2.8cm）
（相框D用＝2cm×3cm）

❾印花紙
（相框A-b用＝4cm×5cm）
（飾板B用＝3.5cm×2.8cm）
❿印花紙
（相框A-a用＝5cm×4cm）
⓫印花紙
（印花紙＝3cm×3cm）
⓬便條紙

作法 （為了更易於理解，在此將改換紙繩配色進行示範）

❀ 內牆・外牆・地面

＊紙藤帶的裁剪片數

①內牆	白色	／取12股	21cm×10片
②外牆	乳白	／取12股	21cm×11片
③地面	沙布列酥餅	／取12股	340cm×1片

④地板邊條	沙布列酥餅	取7股	38cm×1片
⑤牆壁邊條	白色	取4股	57cm×1片
⑥外緣	沙布列酥餅	取12股	14cm×1片
⑦地板	牛皮紙色	取9股	7cm×12片

⑧地板	牛皮紙色／取9股	3.5cm×8片

＊副材料
厚紙板（2mm）

1

厚紙板裁剪成14cm×21cm，①內牆以間隔0.1cm的方式進行黏貼，②外牆則是毫無間隙地垂直黏貼於厚紙板上，並剪去多餘部分。

2

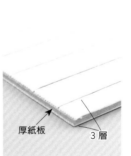

厚紙板裁剪成2片14cm×10cm，參照P.27-地板的基底作法「5層的基底」，裁剪③地面進行黏貼。

3

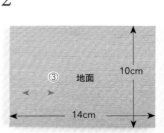

在轉角處裁斷④地板邊條，僅壁面側長邊不貼，其餘3邊包覆黏貼。

4

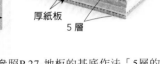

牆壁貼齊未包邊的地面長邊，黏貼成直角。

5

⑤牆壁邊條貼合地面，黏貼包覆3邊。將⑥外緣黏貼在地面紙板與外牆上。

6

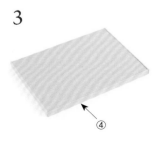

⑦・⑧地板如圖示以間隔2股寬的方式交錯黏貼，剪去邊緣的多餘部分。最後進行地面・牆壁的塗裝（生褐色／參照P.26）。

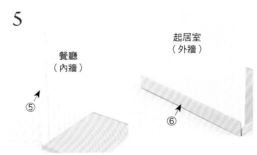

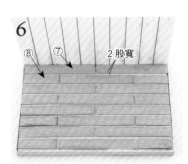

雙開立櫃

＊紙藤帶的裁剪片數

①上頂板	淡青色／取 12 股	60 cm × 1 片
②下頂板	淡青色／取 12 股	56 cm × 1 片
③頂板邊條	淡青色／取 3 股	27 cm × 2 片
④外背板	淡青色／取 12 股	122 cm × 1 片
⑤內背板	白色 ／取 12 股	122 cm × 1 片
⑥側板	淡青色／取 12 股	17.5 cm × 8 片
⑦底板	淡青色／取 12 股	35 cm × 1 片
⑧底板邊條	淡青色／取 3 股	8.4 cm × 1 片
⑨本體邊條	淡青色／取 3 股	80 cm × 1 片
⑩層板	淡青色／取 12 股	37 cm × 3 片
⑪層板邊條	淡青色／取 3 股	8.4 cm × 3 片
⑫門片	淡青色／取 12 股	120 cm × 2 片
⑬門片窗框	淡青色／取 2 股	20 cm × 4 片
⑭窗框邊條	淡青色／取 2 股	19 cm × 2 片
⑮門片邊條	淡青色／取 3 股	42 cm × 2 片
⑯飾板	淡青色／取 9 股	2.3 cm × 12 片
⑰門把	白色 ／取 12 股	6 cm × 1 片

＊副材料

厚紙板（1mm）
透明 PP 板
牙籤

1

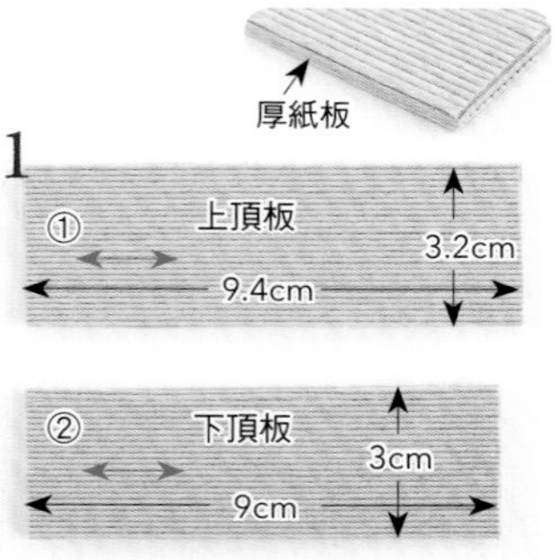

分別依圖示尺寸裁剪上．下頂板的厚紙板。一邊裁①上頂板．②下頂板，一邊無間隙平行黏貼於厚紙板的兩面。

2

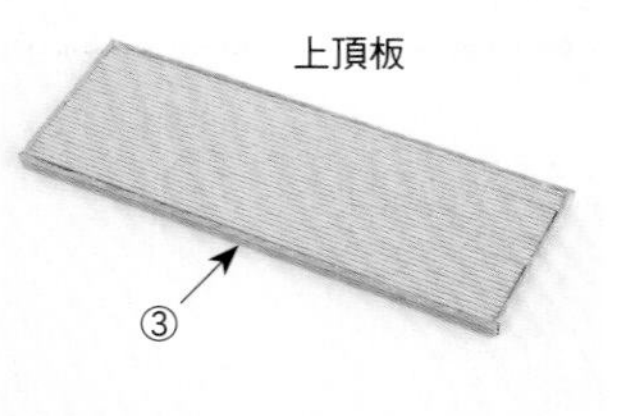

在步驟1的上頂板黏貼1片③頂板邊條，一邊在轉角處裁斷一邊包覆1圈。

3

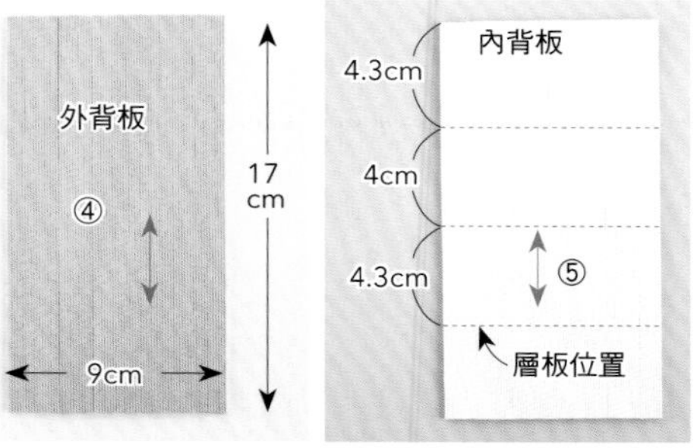

背板是將厚紙板裁剪成17cm×9cm，分別裁剪④外背板．⑤內背板，並且無間隙地垂直黏貼。※如圖示由上端開始，在層板的黏貼位置作記號。

4

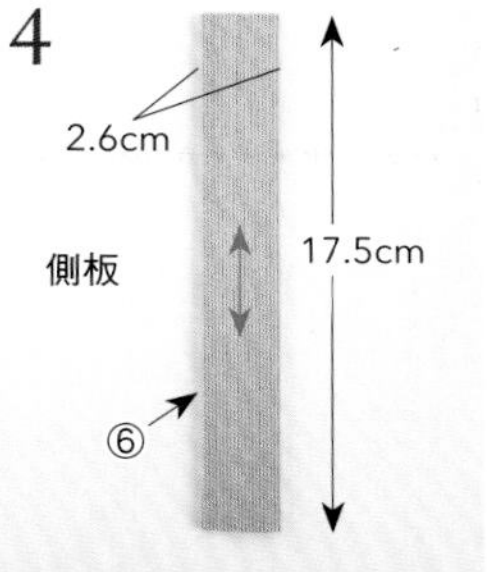

側板是將厚紙板裁剪成2.6cm×17.5cm，一邊裁剪⑥側板，一邊無間隙地垂直黏貼於厚紙板的兩面。製作2組。

5

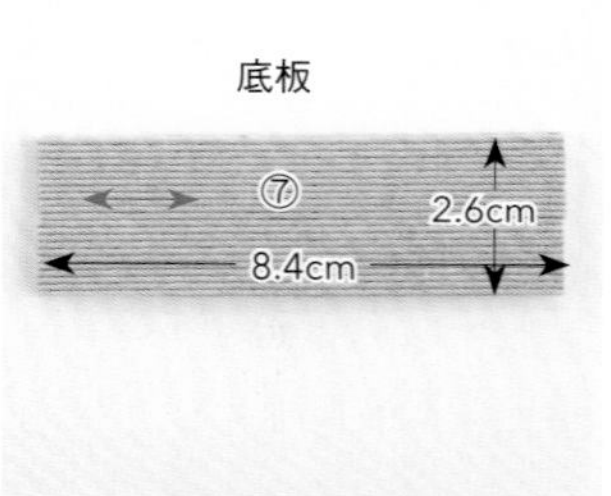

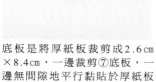

底板是將厚紙板裁剪成2.6cm×8.4cm，一邊裁剪⑦底板，一邊無間隙地平行黏貼於厚紙板的兩面。

6

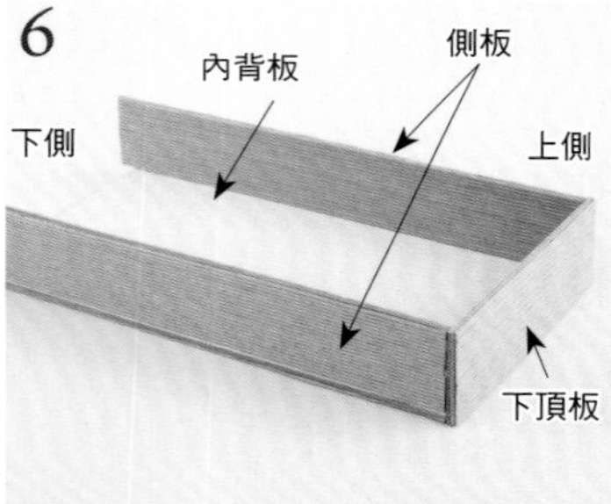

內背板朝上放置，左右兩側的步驟4側板與上端對齊，黏貼固定。下頂板對齊背板上端與側板黏貼。

7

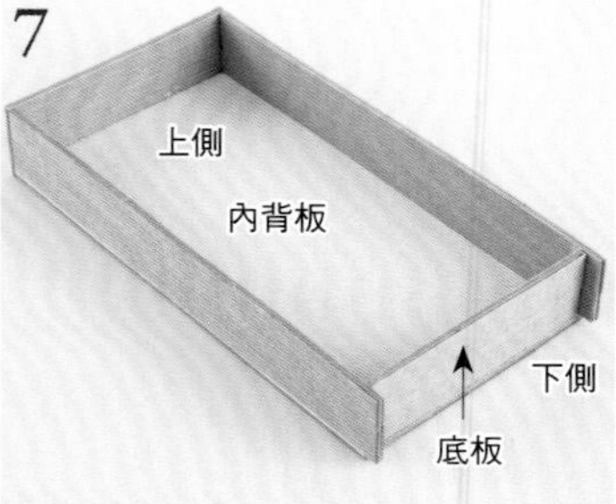

步驟5的底板貼齊內背板下緣，嵌入側板內，黏貼固定。

8

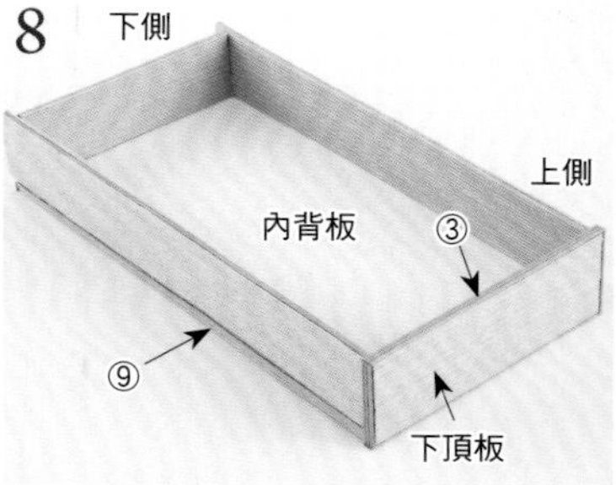

裁剪1片③頂板邊條．⑨本體邊條，黏貼包覆下頂板與背板的截面。

9

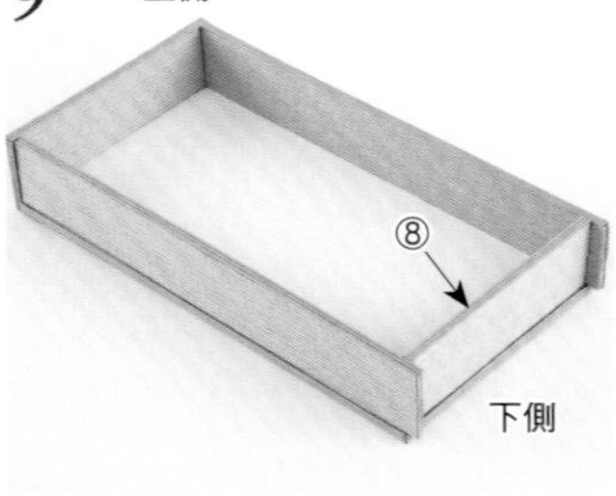

裁剪另1片⑨，黏貼於下頂板與背板截面上。再黏貼⑧底板邊條。

10

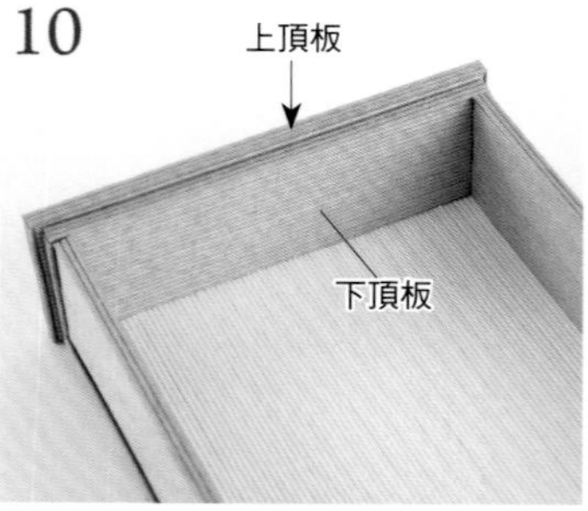

步驟 2 的上頂板與下頂板的後方對齊，置於中央後黏貼固定。

11

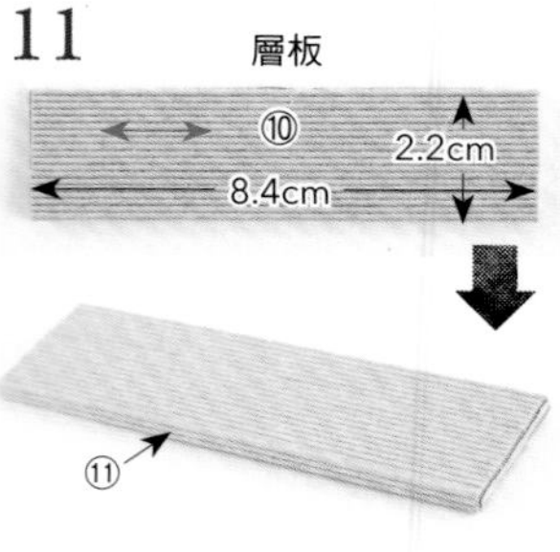

層板的厚紙板裁剪成2.2cm×8.4cm，一邊裁剪⑩層板，一邊無間隙地平行黏貼於厚紙板的兩面，再將⑪層板邊條黏貼於前緣。製作3組。

12

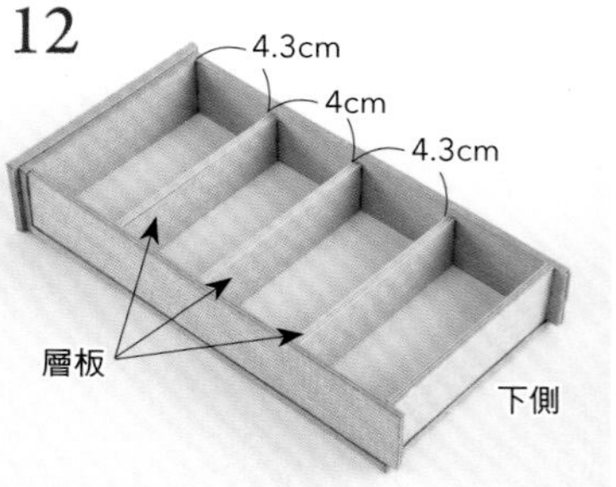

將層板上緣對齊內背板的記號處，黏貼固定於內背板與側板。

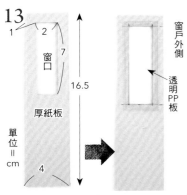

13

窗口

厚紙板

單位＝cm

16.5

4

窗戶外側

透明PP板

門片的厚紙板裁剪成16.5cm×4cm，再裁出7cm×2cm的窗口。透明PP板裁成8cm×3cm後黏貼在窗口上。製作2組。

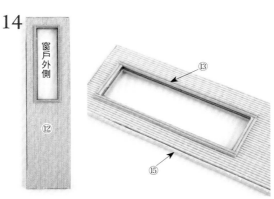

14

窗戶外側

⑫

⑬

⑮

裁剪1片⑫門片，毫無間隙地垂直黏貼於厚紙板的兩面。再裁剪1片⑬門片窗框，以直角框作法（參照P.26）黏貼於窗戶外緣。黏貼1片⑮門片邊條，一邊在轉角處裁斷一邊包覆門片邊緣1圈。

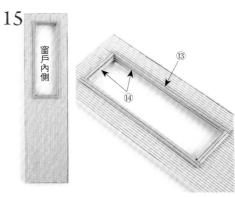

15

窗戶內側

⑭

⑬

窗戶內側同樣是裁剪1片⑬，製作成直角框。接著裁剪1片⑭窗框邊條，包覆黏貼隱藏窗緣厚紙板的截面（參照P.26）。

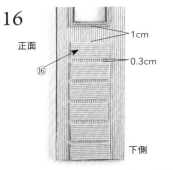

16

正面

⑯

1cm

0.3cm

下側

如圖示在窗框下緣的1cm處，黏貼1片⑯飾板，接著以0.3cm的間隔黏貼6片。以相同作法製作2個門片。

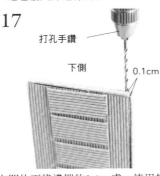

17

打孔手鑽

下側

0.1cm

在門片下緣邊端的0.1cm處，使用打孔手鑽（1.3mm）鑽出一個深約0.4cm的孔。

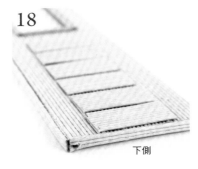

18

下側

完成開孔的模樣。以相同作法在門片上緣的相對位置開孔。

19

牙籤

0.5cm

準備4根牙籤，取尖端部分的0.5cm。

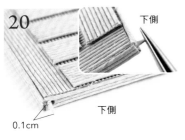

20

下側

下側

0.1cm

在牙籤切口側塗抹白膠，以鉗子夾住尖端0.1cm處，將牙籤插入步驟18的0.4cm深的孔洞中固定。

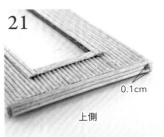

21

0.1cm

上側

以相同作法在門片上方的相對位置固定牙籤。依照步驟17至20的作法，在另1片門片的對稱位置上開孔，再加上牙籤固定。

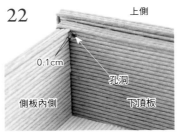

22

上側

0.1cm

孔洞

側板內側

下頂板

如圖示在頂板內側的0.1cm處，使用打孔手鑽（1.3mm）鑽出深約0.1cm的孔，以便插入門片上的牙籤。

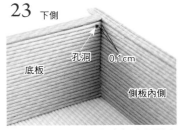

23

下側

底板

孔洞

0.1cm

側板內側

同步驟22的作法，在底板內側鑽出一個深0.1cm，可插入門片牙籤的孔洞。

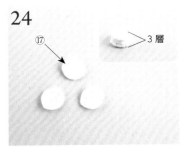

24

⑰

3層

使用孔徑6mm的打孔機，裁出6個⑰門把。每3個疊放黏貼，製作2組。

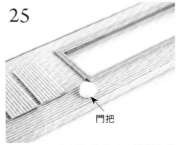

25

門把

將步驟24的門把黏貼在2個門片的對稱位置上。

26

將牙籤尖端插入本體的孔洞中

18.4cm

9.6cm

3.4cm

分別將門片上的牙籤插入本體上下方的孔洞中，安裝門片。塗裝（生褐色／參照P.26）後即完成。

❀ 彩繪瓷盤 A・B

＊紙藤帶的裁剪片數（1 個份）
①本體　A・B 乳白　　　　／取 12 股　3 cm × 4 片
②飾邊　A 紫陽花　B 青瓷色／取　1 股　10 cm × 1 片

＊副材料
⓫印花紙

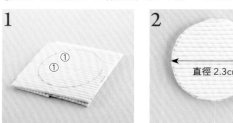

1
4 片①本體依照「縱・橫黏貼法」（參照 P.29），貼合成 2 層。

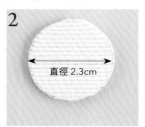

2
將步驟 1 裁剪成直徑 2.3cm 的圓。

3
使用鉗子彎曲邊緣，製作出盤子的形狀。

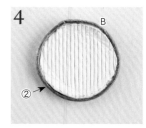

4
將②飾邊沿著盤子邊緣黏貼，兩端則是如圖示斜剪接合。彩繪瓷盤 B 完成。

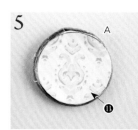

5
彩繪瓷盤 A 的作法同 B，黏貼⓫印花紙後即完成彩繪瓷盤 A。

❀ 深口籃

＊紙藤帶的裁剪片數（黑糖蜜）
①軸繩　取 2 股　15 cm × 4 片

②編織繩　　　取 1 股　60 cm × 1 片
③籃身編織繩　取 1 股　25 cm × 2 片

＊副材料　❶雪紡布
❷薄紗蕾絲

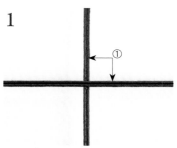

1
將 2 條①軸繩的中央對齊黏貼成十字形。製作 2 組。

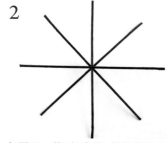

2
如圖示，將 2 組步驟 1 疊放黏貼成放射狀。

3
將②編織繩對摺，掛在①軸繩上，進行右旋編織（參照 P.30）。

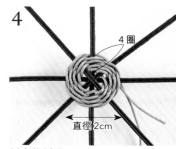

4
以右旋編織 4 圈。

5
將步驟 4 翻至背面，再分別將②編織繩穿入編目中。看著背面於編目上噴灑水霧。

6
多餘的繩端則是預留 0.2cm 後剪斷。

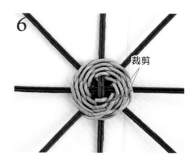

7
將①軸繩沿著編目邊緣向上立起。

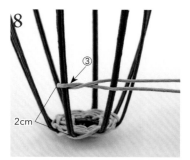

8
將③籃身編織繩對摺，掛在①軸繩上，在向上摺起的①軸繩上進行一次扭轉編（參照 P.30），並且朝外擴張般編得鬆一點。

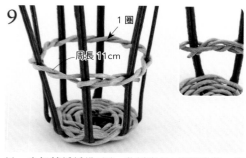

9
以一次扭轉編織 1 圈，收編處是 2 條編織繩一起穿入起編處扭轉的編目中，用白膠黏貼固定後，剪去多餘部分。

10
同步驟 8・9 的作法，在間隔 1.5cm 的上方，以③編織繩編織第 2 圈。放入摺疊的❶雪紡布與❷薄紗蕾絲即完成。

✿ 木箱 A～C

＊紙藤帶的裁剪片數（各 1 個份）

A（沙布列酥餅）				**B（牛皮紙色）**				**C（牛皮紙色）**				**＊副材料**
①箱底	取 12 股	3.5 cm × 2 片		①箱底	取 12 股	3 cm × 2 片		①箱底	取 12 股	3 cm × 2 片		❸麻布　❺蕾絲
②箱底	取 8 股	3.5 cm × 2 片		②箱底	取 6 股	3 cm × 2 片		②箱底	取 6 股	3 cm × 2 片		
③側板	取 9 股	3.5 cm × 2 片		③側板	取 9 股	3 cm × 2 片		③側板	取 12 股	3 cm × 2 片		
④側板	取 9 股	2.5 cm × 2 片		④側板	取 9 股	2.3 cm × 2 片		④側板	取 12 股	2.3 cm × 2 片		

1 A

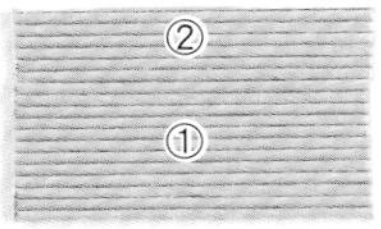

①・②箱底對齊後黏貼（參照P.28）。

2 A B

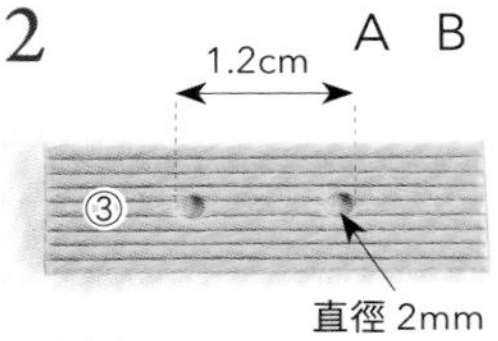

使用孔徑2mm的打孔機，如圖示在③側板上的2處打洞。
直徑2mm

3

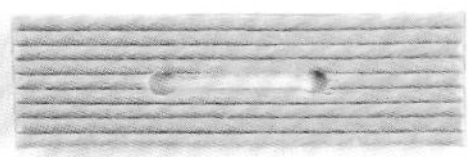

裁去中間1股寬的部分。

4 A

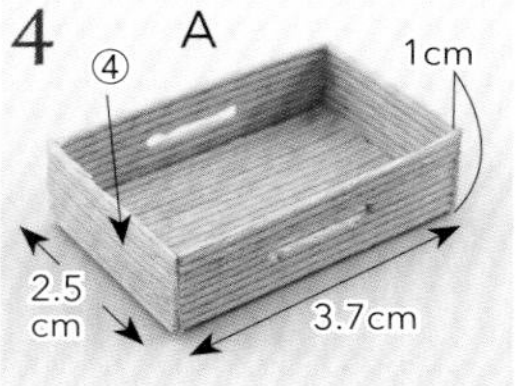

將步驟3直角黏貼於步驟1的長邊外側。再將④側板黏貼於短邊的截面上，完成A。
2.5 cm　3.7cm　1cm

5 A

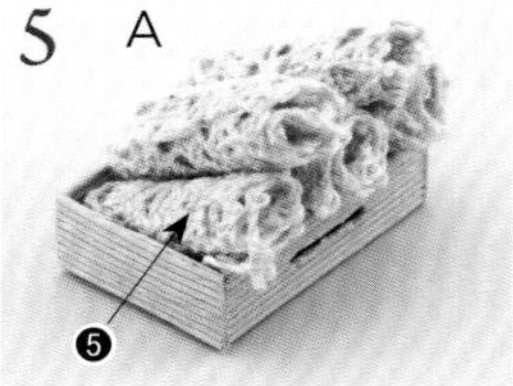

❺蕾絲如圖示捲起，放入裝飾。

6 B C

①・②箱底對齊後黏貼固定（參照P.28）。

7 C

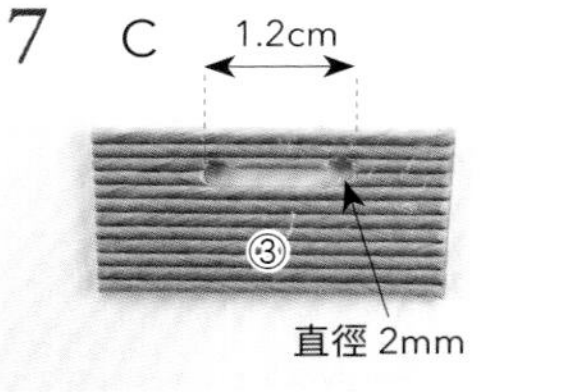

同步驟2・3的要領，在③側板上的2處打出孔徑2mm的洞，並裁去中間部分。
直徑2mm　1.2cm

8 C

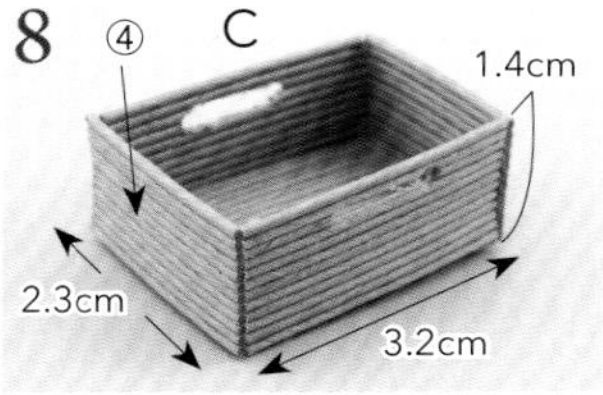

將步驟7直角黏貼於步驟6的長邊外側。再將④側板黏貼於短邊的截面上，完成C。
2.3cm　3.2cm　1.4cm

9 C

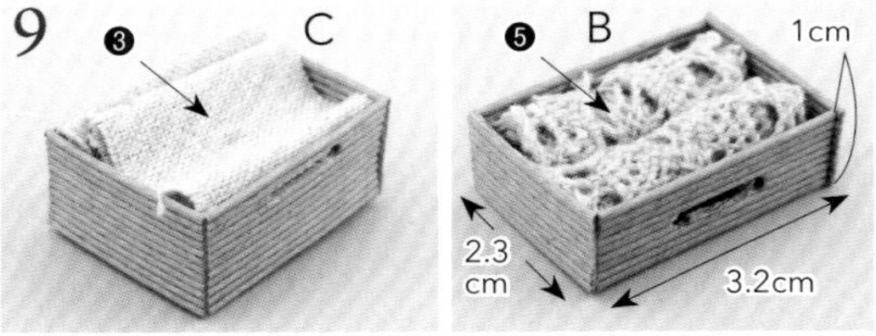

❸麻布摺疊後放入步驟8的C中裝飾。以相同作法製作B，再將❺蕾絲成捲放入。

B
❺　1cm
2.3 cm　3.2cm

✿ 相框 A～D

＊紙藤帶的裁剪片數（各 1 個份）

①本體 A	a 乳白　b 小雞	／取 3 股	5 cm × 2 片
②本體 A	a 乳白　b 小雞	／取 3 股	4 cm × 2 片
③本體 B	a 小雞　b 沙布列酥餅	／取 3 股	4 cm × 2 片
④本體 B	a 小雞　b 沙布列酥餅	／取 3 股	3 cm × 2 片
⑤本體 C	小雞	／取 3 股	5 cm × 2 片
⑥本體 C	小雞	／取 3 股	3 cm × 2 片
⑦本體 D	沙布列酥餅	／取 3 股	3 cm × 2 片
⑧本體 D	沙布列酥餅	／取 3 股	2 cm × 2 片

（A-a＝2 個、其他＝各 1 個）

＊副材料 ❻濾紙
❼仿舊外文書
❽・❾・❿印花紙

1

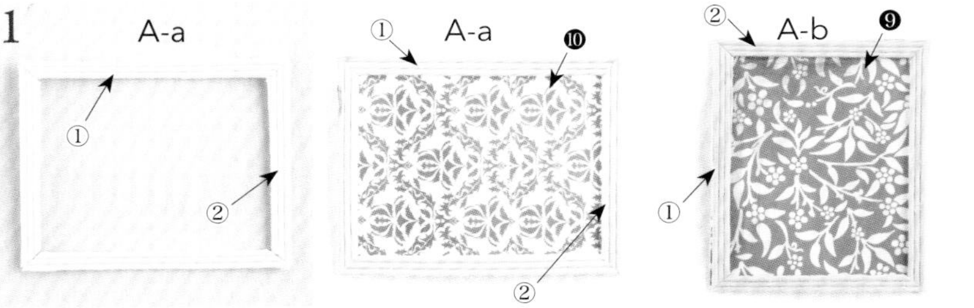

A-a　A-a　A-b

相框是將所有本體紙藤帶邊端裁成45度的倒角，再分別接合成框（參照P.26-倒角框作法）。①・②本體A-a製作2組，1組在背面黏貼❿印花紙。A-b也是在背面黏貼❾印花紙。

2

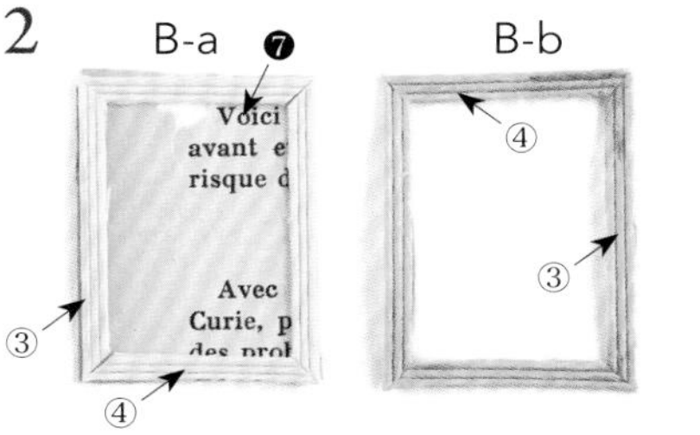

B-a ❼　B-b

分別製作③・④本體B-a・B-b，B-a是在背面黏貼❼仿舊外文書。

Voici
avant e
risque d
Avec
Curie, p
des pro

3 C

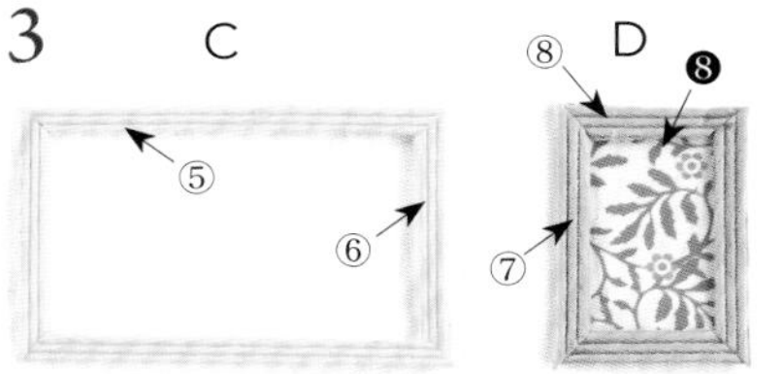

分別製作⑤・⑥本體C、⑦・⑧本體D，D黏貼❽印花紙。

D ❽

4 起居室（外牆）

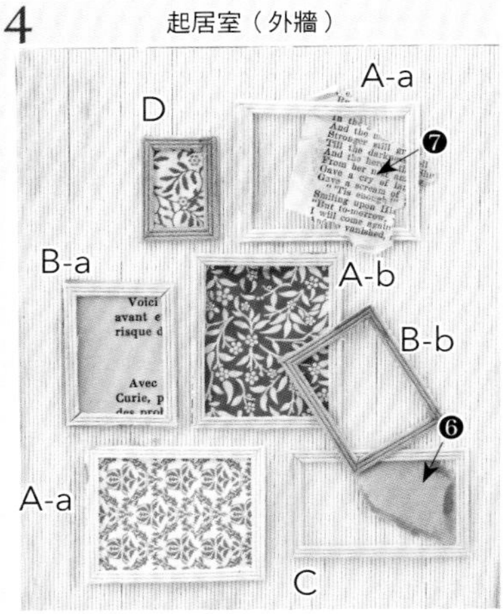

外牆進行塗裝（生褐色／參照P.26）後，將步驟1至3的相框適當地黏貼固定。A-a如圖示夾上❼仿舊外文書、C則是壓著❻濾紙的碎片作為裝飾。

D　A-a　❼
B-a　A-b　B-b
A-a　C　❻

✿ 印花飾板 A・B

＊紙藤帶的裁剪片數（白色／1 個份）

①本體 A	取 12 股	4 cm × 3 片
②本體 A	取 6 股	4 cm × 2 片
③支架	取 8 股	2 cm × 1 片
④本體 B	取 12 股	3.5 cm × 3 片
⑤本體 B	取 6 股	3.5 cm × 2 片

＊副材料 ❽・❾印花紙

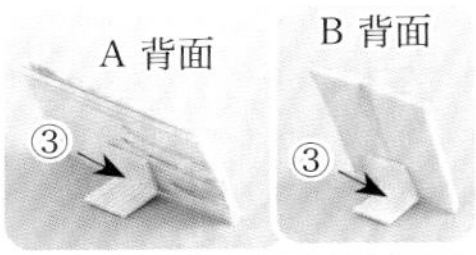

A 背面　B 背面

1

接合本體，分別將①・②A、④・⑤B同方向黏貼成2層（參照P.29）。

2 A　B

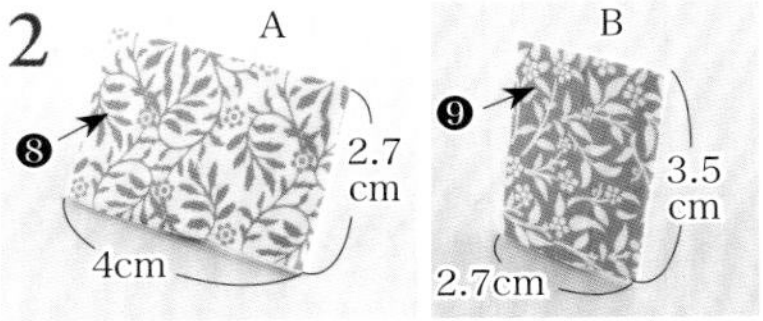

分別將❽・❾印花紙黏貼於本體上，以美工刀在③支架的中心淺淺畫出刀痕後摺疊，黏貼在本體背面的下緣中央。塗裝（生褐色／參照P.26）後即完成。
2.7 cm　4cm　3.5 cm　2.7cm

❀ 平口籃＆薰衣草

＊紙藤帶的裁剪片數（①至⑤＝栗子）
① 橫編繩　取2股　　2 cm × 3片
② 橫編繩　取2股　　10 cm × 2片
③ 收編繩　取2股　　1 cm × 2片
④ 縱編繩　取2股　　9.5 cm × 3片
⑤ 編織繩　取2股　　60 cm × 1片
⑥ 花莖　　松葉　／取4股　3.5 cm × 2片
⑦ 花朵　　薰衣草／取12股　5 cm × 1片
⑧ 花朵　　紫羅蘭／取12股　5 cm × 1片
⑨ 葉子　　松葉　／取2股　2 cm × 6片

＊副材料
❼ 仿舊外文書

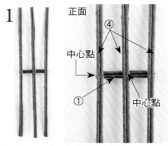

1

如圖示，在1條①橫編繩上，等間隔黏貼3條④縱編繩的中心點。

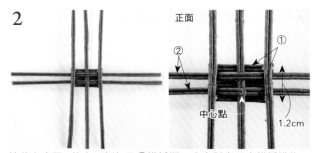

2

接著在步驟1的上下側加入②橫編繩，中央對齊且交錯編織後，與左右兩側的④縱編繩黏貼固定。再取2條①橫編繩，分別置於②橫編繩上下方的底下，同樣與④縱編繩黏貼固定。

3

將步驟2翻至背面，③收編繩如圖示疊放在①橫編繩的左右兩側，分別黏貼固定。

4

紙繩如圖示，沿底部編目的邊緣向上彎摺立起。

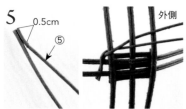

5

⑤編織繩的繩端預留0.5cm長，其餘皆分割成1股寬，看著步驟4的外側掛上1條②橫編繩，進行右旋編織（參照P.30）。

6

一邊垂直整理編目使之緊密，一邊編織6圈。收編處的紙藤分別穿入內側的編目中，再朝外側抽出。整體噴灑水霧後修整形狀。

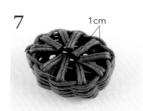

7

⑤編織繩預留0.2cm之後裁剪，④縱編繩皆預留1cm，再沿編目邊緣往內彎摺。

8

④縱編繩分別包覆1條編目後，穿入內側的編目中，平口籃完成。

9

將撕碎的❼仿舊外文書放入平口籃內。

10

薰衣草是參照P.93-薰衣草的花束，⑦‧⑧花朵剪碎，⑥花莖的根部保留1cm，其餘分割成1股寬，再分別在花莖上黏貼花朵。3片⑨葉子的兩端剪成山形備用。將花莖捲成圓柱狀後，黏貼3片葉子，即收整成1束。

11

製作2束步驟10，將2束薰衣草放入步驟9的平口籃內即完成。

❀ 瓶子 A（大）‧B（小）

＊紙藤帶的裁剪片數（A‧B各1個份）
① 本體　乳白／取10股 {
A　2 cm × 4片
B　1.8 cm × 4片
}
② 瓶底　　乳白／取4股　1.2 cm × 1片
③ 瓶蓋　牛皮紙色／取12股　3 cm × 1片（以孔徑6 mm的打孔機裁出3個）

＊副材料 ⓬便條紙

1

取1片①瓶身，上側中央保留4股寬，兩邊角則裁掉0.3cm。

2

將①疊放黏貼於步驟1的背面，邊角處裁剪整齊。黏貼成4層。

3

②瓶底與下緣的截面黏貼固定。

4

③瓶蓋貼合成3層，置於步驟3頂端黏貼固定。

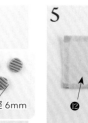

5

在⓬便條紙上畫出四角形，黏貼在瓶身上，完成。製作2個A。

❋ 椅子

＊紙藤帶的裁剪片數（淡青色）

①椅面 　　取 12 股　　3cm × 2 片
②椅面 　　取 12 股　　2.8cm × 3 片
③椅腳 　　取 3 股　　10cm × 6 片
④椅腳 　　取 3 股　　3cm × 6 片
⑤椅腳橫檔 取 3 股　　2cm × 6 片
⑥椅背 　　取 12 股　　3.5cm × 1 片

1

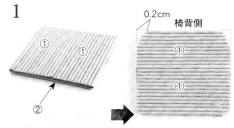

①・②椅面依照「縱・橫黏貼法」（參照P.29），黏合成2層。如圖示修剪椅面的0.2cm處作出弧度。

2

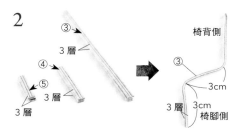

③・④椅腳、⑤椅腳橫檔，每3片疊合黏貼。③趁白膠尚未乾燥之前，如圖示在2個3cm處摺彎，上方頂端修剪整齊。各製作2組。

3

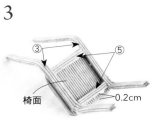

將步驟2的⑤置於椅面背面的前後中央，黏貼固定。再於左右放上摺彎的③，兩側對齊後黏貼固定。

4

將步驟2的④黏貼於椅背側的⑤，並且稍微往外側彎摺。

5

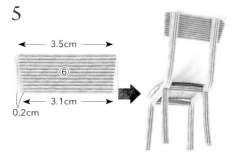

⑥椅背的左右兩側下方如圖示斜剪0.2cm，再修剪上側邊角。③與⑥的2支椅背上緣對齊，黏貼固定。

6

塗裝（生褐色／參照P.26）後即完成。

❋ 安娜貝爾（繡球花）

＊紙藤帶的裁剪片數（1枝份）

①花萼　A鴬綠 B黃綠色／取 2 股　　15cm × 3 片
②萼片　白色　　　　　／取 12 股　　10cm × 1 片
③萼片　鴬綠　　　　　／取 12 股　　10cm × 1 片
⑤花莖　A・B松葉　　／取 1 股　　5cm × 1 片
⑥葉子　A・B松葉　　／取 6 股　　1cm × 2 片

1

②・③萼片分割成1股寬之後，剪成細碎狀，將2種顏色混合。

2

正面　　　背面

參照P.34-安娜貝爾（繡球花）的作法，以3片①花萼製作花朵基底，正面塗抹白膠後沾黏步驟1。製作①A＝5個、B＝2個。

3

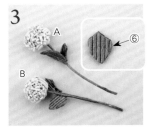

修剪⑥葉子，每枝黏貼2片。製作A＝5枝、B＝2枝。

4

製作花器（作法同P.33-花器A-a），將7枝花朵綁成束後放入花器中，以白膠固定花莖即完成。

❋ 裝飾方法

將❹薄紗蕾絲置於雙開立櫃的櫃頂。各部件則適當擺放於門片後的櫃子內。地面空餘處放置椅子、安娜貝爾（繡球花）、深口籃裝飾，完成。

⑤ 工業風個性宅

👑 P.12 的作品

＊**材料**　蛙屋紙藤帶（50m／卷、10m／卷：各1卷）

50m／卷：牛皮紙色	可可亞	青鼠色
10m／卷：白銀	黑色	萌黃
亞麻色	可可摩卡	黑糖蜜
白鼠色	白色	栗子
煤灰	栗子	

＊**副材料**
厚2mm的厚紙板（A4尺寸）2片
壓克力顏料（白色、生褐色、灰藍色）
彎剪

＊**工具**　參照P.25
＊**完成尺寸**　參照最終步驟圖

＊**其他材料**

❶印花紙
（壁紙用＝10.6cm × 21cm）
（黑膠唱片標籤用＝直徑0.8cm）
❷印花紙
（飾板用＝4cm × 6cm）
❸仿舊外文書
❹麻布（7.5cm × 5cm）

作法 （為了更易於理解，在此將改換紙繩配色進行示範）

✿ 牆壁 A・B・地面

＊**紙藤帶的裁剪片數**

①	內牆 A	白銀 ／取 12 股	265 cm ×	1 片
②	外牆 A	亞麻色／取 12 股	265 cm ×	1 片
③	內牆 B	白銀 ／取 12 股	165 cm ×	1 片
④	外牆 B	亞麻色／取 12 股	165 cm ×	1 片
⑤	地面	白銀 ／取 12 股	370 cm ×	1 片
⑥	地板邊條	白鼠色／取 5 股	26 cm ×	1 片
⑦	地板邊條	煤灰 ／取 12 股	26 cm ×	1 片
⑧	牆壁邊條	亞麻色／取 4 股	21 cm ×	4 片
⑨	牆頂	亞麻色／取 4 股	27 cm ×	1 片
⑩	地板磁磚	白鼠色／取 12 股	3 cm ×	30 片
⑪	內牆磁磚	白銀 ／取 6 股	2 cm ×	16 片
			1 cm ×	6 片
⑫	外牆磁磚	可可亞／取 6 股	2 cm ×	26 片
⑬	外牆磁磚	煤灰 ／取 6 股	2 cm ×	24 片
⑭	外牆磁磚	可可亞／取 6 股	1 cm ×	6 片
⑮	外牆磁磚	煤灰 ／取 6 股	1 cm ×	8 片

＊**副材料**　厚紙板（2mm）
❶印花紙

1

內牆 A　①　21cm
15cm

外牆 A　②

厚紙板裁剪成15cm×21cm，分別裁剪①內牆A・②外牆A，以水平方向無間隙地黏貼。

2

21cm　內牆 B　③　18cm　9.6cm

外牆 B　④

厚紙板裁剪成9.6cm×21cm，分別裁剪③內牆B・④外牆B，以水平方向無間隙地黏貼。

3

❶印花紙黏貼在步驟2的內牆上，包覆黏貼厚紙板的截面後，裁去多餘部分。

4

地面　⑤
10cm
15cm

厚紙板
4層

厚紙板裁剪成15cm×10cm，參照P.27-地板的基底作法「4層的基底」，一邊裁剪⑤地面一邊黏貼。

5

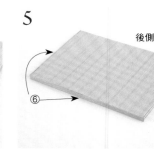

後側　⑥

一邊在轉角處裁斷⑥地板邊條，一邊黏貼包覆2邊。

6

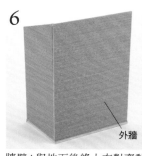

外牆

牆壁A與地面後緣上方對齊黏貼。牆壁B的截面與牆壁A、地面上方呈直角貼合固定。

7

步驟6內側的模樣。

8

⑦　⑦

一邊在轉角處裁斷⑦地板邊條，一邊黏貼包覆外牆地板邊緣的2邊。

9

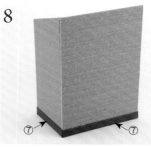

⑧　⑧

分別將2片⑧牆壁邊條黏貼於外牆的直角兩側，對齊⑦上緣以便隱藏截面。剪去多餘部分。

10

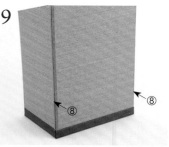

⑨　⑧　⑧　⑧

餘下2片⑧則是分別黏貼牆壁另一側的截面。頂端一邊黏貼⑨牆頂，一邊在轉角處裁斷。

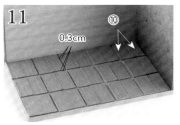

11

0.3cm ⑩

每2片⑩地板磁磚為1組，製作15組，以0.3cm的間隔黏貼成3列。

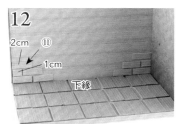

12

2cm ⑪
1cm
下緣

上緣

在內牆A下緣與上緣的兩處邊角，以0.1cm的間隔，適當黏貼1cm與2cm的⑪內牆磁磚。

13

相框

陳列架

製作陳列架黏貼於內牆A上，在印花紙上進行塗裝（參照P.26／白色・生褐色、灰藍色）。再將1個相框黏貼在內牆B上。

❄ 相框

＊紙藤帶的裁剪片數（黑糖蜜）
①本體　取3股　4cm×4片
②本體　取3股　3cm×4片

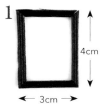

1

4cm
← 3cm →

①・②本體各2片，以倒角框作法（參照P.26）黏貼，製作2個。

14

外牆B　　外牆A

⑭
⑬
⑫
⑮

外牆A

外牆A・B如圖示，適當貼上⑫至⑮外牆磁磚。塗裝（參照P.26／白色・生褐色、灰藍色）之後，牆壁A・B、地面完成。

❄ 皮靴

＊紙藤帶的裁剪片數（單腳份）
①鞋底　栗子　／取　8股　2.2cm×2片
②鞋面　栗子　／取12股　2cm×1片
③鞋幫　栗子　／取　9股　4cm×1片
④鞋跟　栗子　／取　9股　0.6cm×2片
⑤鞋帶　黑糖蜜／取　1股　1cm×1片

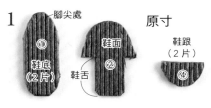

1

腳尖處　　　　　　　　　　原寸

鞋面
②

鞋底
（2片）
⑪

鞋舌

鞋跟
（2片）
④

①鞋底・②鞋面・④鞋跟，分別按照原寸圖裁剪，鞋底與鞋跟分別疊合黏貼成2層。

❄ 陳列架

＊紙藤帶的裁剪片數
①本體　白銀／取12股　9cm×6片　　　②支架　黑色／取4股　4cm×6片

1

3層
①
②
3層

①本體、②支撐桿，每3片疊合黏貼成3層，各製作2組。②的上下兩端置於①的邊緣中央，對齊黏貼成直角，完成。

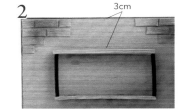

2

3cm
4.6cm
← 9cm →

置於牆壁A中央，距離上緣3cm的位置，黏貼固定。

2

②
鞋面
鞋舌

使用圓嘴鉗作出鞋面邊緣的弧度，鞋舌則往上輕輕彎摺。

3

鞋底
2層

步驟1的2片鞋底疊合黏貼後，以白膠將步驟2的鞋面黏貼在腳尖處。

4

3.4cm　0.3cm
③
4cm
作出弧度
③

③鞋幫兩側以彎剪修剪。中央對齊鞋底的後跟側，包覆黏貼於鞋底的截面上，兩端則黏貼在鞋舌上。

5

2層
1.3cm

步驟1的2片鞋跟疊合黏貼，置於鞋底後跟側的中央，黏貼固定。

6

2.4cm

⑤鞋帶裁剪成0.5cm的小段，每2片黏貼成交叉十字狀，每3組串連黏貼在鞋舌上。製作2個，完成。

❋ A字梯

＊紙藤帶的裁剪片數（黑色）
①本體　取4股　16cm×6片
②本體　取4股　23cm×3片

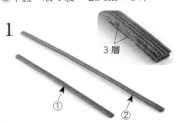
1

①．②本體分別黏貼成3層。製作①＝2組、②＝1組。

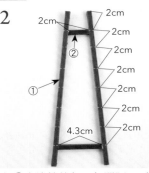
2

2cm / 2cm / 2cm / 2cm / 2cm / 2cm / 2cm / 2cm
4.3cm

2組①自邊端算起，每間隔2cm作記號，②先裁剪2cm的頂端踏桿，以及4.3cm的底端踏桿，如圖示對齊黏合於①之間。

3

步驟2中間的踏桿，則是直接將②紙繩置於記號位置上，配合長度及②紙繩的斜度，如圖示斜剪後黏貼固定。

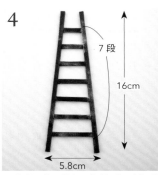
4

7段
16cm
5.8cm

同步驟3的要領，裁剪5根踏桿黏貼，製作成7層的A字梯。塗裝（白色／參照P.26）後即完成。

❋ 唱片

＊紙藤帶的裁剪片數（1個份）
（使用顏色／煤灰・白色・黑色・青鼠色・白鼠色・栗子）
①本體A　取12股　6cm×1片
②本體B　取12股　6cm×1片
＊副材料
❸仿舊外文書

1

切牙口
3cm
2.8cm

①．②本體2片對齊後黏貼（參照P.28），使用美工刀於中央處切牙口（參照P.28）後對摺。預留一端開口，以白膠黏貼成袋狀。

2

①．②可依個人喜愛配色，製作9組。將撕碎的❸仿舊外文書適當裝飾黏貼，完成。

❋ 抽屜櫃

＊紙藤帶的裁剪片數（除指定以外皆為煤灰）
①本體　　取12股　4.5cm×4片
②本體　　取12股　2cm×4片
③層板　　取12股　4.1cm×2片
④背板　　取12股　4.5cm×2片
⑤抽屜底板　取12股　4cm×2片
⑥抽屜背板　取6股　4cm×4片
⑦抽屜側板　取10股　0.8cm×4片
⑧抽屜面板　取8股　4cm×2片
⑨把手　黑色／取2股　2cm×2片

1

①．②本體、③層板，每2片疊合黏貼成2層。①．②製作2組。

2

2片④背板對齊後黏貼（參照P.28）。

3

背板

步驟1的2組①平行放置在步驟2的背板上下緣，左右兩側分別嵌入②，皆呈直角黏貼。步驟1的③嵌入中央處黏貼固定。

4

在1片⑤抽屜底板上，分別黏貼⑥抽屜背板・⑦抽屜側板・⑧抽屜面板，⑨提把的中央作出弧度，兩端黏貼於面板。製作2組。

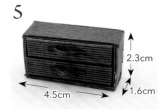
5

2.3cm
4.5cm
1.6cm

將抽屜放入本體中，塗裝（白色／參照P.26）後即完成。

❋ 置物櫃

＊紙藤帶的裁剪片數（煤灰）
①層板　取12股　5cm×12片
②層板　取12股　2.8cm×12片
③側板　取12股　10cm×8片
④側板　取12股　2.8cm×14片
⑤背板　取12股　9cm×4片
⑥背板　取12股　5.6cm×14片

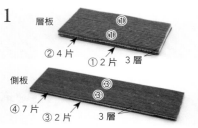
1

層板
①1片
②4片
3層
側板
③1片
③
③
④7片　③2片
3層

2片①層板、4片②層板、2片①交錯黏貼成3層（參照P.29）。2片③側板、7片④側板、2片③交錯黏貼成3層。製作層板＝3組、側板＝2組。

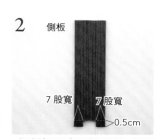
2

側板
7股寬　7股寬
0.5cm

2組側板下方兩端預留7股寬（0.7cm），中間段去除0.5cm高的部分，成ㄇ字形。預留處即為櫃腳。

★接P.63
3

背板
⑥⑥⑥⑥⑥⑥⑥
⑥7片　⑤4片
3層

4片⑤背板以垂直方向毫無間隙並排貼合後，再以正反面各7片⑥背板，水平接合包夾⑤的方式，黏貼成3層。

✿ 相機Ａ‧Ｂ‧Ｃ＆飾板

＊紙藤帶的裁剪片數（各1個份）

Ａ（長鏡頭）‧Ｂ（標準鏡頭）

①機身 ⎰ a‧b‧d～g 取10股　2 cm×4片
　　　 ⎱ c　　　　　 取 8股　2 cm×4片
②底部 取 4股　2 cm×1片
③蒙皮 ⎰ a‧b‧d～g 取 7股　6 cm×1片
　　　 ⎱ c　　　　　 取 5股　6 cm×1片
④鏡頭 取12股　2 cm×1片
⑤鏡頭 取12股　2 cm×1片
⑥快門 取 4股　2 cm×1片
⑦觀景窗 取 2股　0.5 cm×1片
⑧閃光燈 取 2股　0.5 cm×1片
⑨定時器 取 4股　2 cm×1片

a‧b‧d‧f 的配色

	①機身	②底部	③蒙皮	④鏡頭 (直徑8mm＝1片)	⑤鏡頭 (直徑6mm＝3片)	⑥快門 (直徑3mm＝2片)‧⑦觀景窗‧⑧閃光燈‧⑨定時器 (直徑2mm＝2片)
a‧b	黑色	黑色	黑色	白鼠色	黑色	白鼠色
d	黑色	黑色	黑色	白鼠色	黑色	白鼠色
f	白鼠色	黑色	黑色	白鼠色	黑色	白鼠色

c‧e‧g 的配色

	①機身	②底部	③蒙皮	④鏡頭 (直徑6mm＝3片)	⑤鏡頭 (直徑4.5mm＝1片)	⑥快門 (直徑3mm＝2片)‧⑦觀景窗‧⑧閃光燈‧⑨定時器 (直徑2mm＝2片)
c	白鼠色	黑色	黑色	白鼠色	黑色	白鼠色
e	黑色	黑色	黑色	白鼠色	黑色	白鼠色
g	黑色	黑色	黑色	白鼠色	黑色	白鼠色

Ｃ（雙眼相機）

①機身 黑色／取10股　2 cm×12片
②蒙皮 黑色／取11股　7 cm× 1片
③上緣 黑色／取 2股　6 cm× 1片
④鏡頭 白鼠色／取12股　1 cm× 2片（直徑9mm）
⑤鏡頭 黑色／取12股　5 cm× 1片（直徑6mm）
⑥快門 白鼠色／取 4股　5 cm× 1片（直徑3mm）
⑦定時器 白鼠色／取 4股　1 cm× 1片（直徑2mm）
⑩飾板底座 黑色／取12股　6 cm× 3片
⑪飾板邊框 黑色／取 2股　25 cm× 1片

※直徑2～6mm的零件可使用打孔機製作，8mm‧9mm的尺寸，
則是將8mm＆9mm的正方形以剪刀修邊，作成圓形。

＊副材料
❷印花紙

3
Ａ‧Ｃ　　　Ｂ
④（④）1片　⑤1片
④ 3層　　 3層
④（⑤）3層

Ａ～Ｃ
⑨1片　　⑥2層

裁剪Ａ～Ｃ的鏡頭‧快門‧定時器，再各自黏合。

1　Ａ‧Ｂ　①
4層

將4片①機身疊放黏貼。

2　Ａ‧Ｂ　背面③
①　②

將②底部黏貼於步驟1的機身下方，③蒙皮的中心對齊前中央，再包覆機身1圈，兩端接合後黏貼。

4
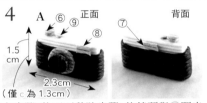
Ａ　⑥⑨　正面　　背面
⑧　　　　　⑦
1.5 cm
2.3cm（僅c為1.3cm）

在步驟2的正面黏貼步驟3的鏡頭與⑧閃光燈，機身頂部黏貼快門與定時器，背面則是黏貼⑦觀景窗，Ａ完成。

5　Ｂ
正面　　　背面
⑧　　　　⑦

同步驟4的作法，製作Ｂ款式。Ｂ完成。

6 c

①

將12片①機身疊放黏貼。

7

上面②
側面　　側面
下面

一邊裁剪②蒙皮，一邊黏貼於機身兩側與上下面。

8
③

在轉角處裁斷③上緣，黏貼包覆4邊。

9

1.6cm　　　2.2cm
⑥2片　　　　⑥2片⑦1片
④1片　⑤3片

將2組④‧⑤鏡頭並排黏貼，再將⑥快門與⑦定時器適當黏貼在側邊上。Ｃ完成。

10
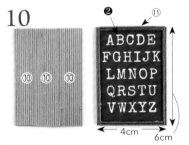
❷　⑪
⑩⑩⑩
ABCDE
FGHIJK
LMNOP
QRSTU
VWXYZ
4cm　6cm

3片⑩飾板底座對齊貼合（參照P.28），再貼上❷印花紙。裁剪⑪飾板邊框，以直角框作法（參照P.26）黏貼固定。

11

飾板　　　a　b　c
Ｃ　　　d　e　f
g

將相機與飾板裝飾在陳列架與桌子上。

★續 P.62

4
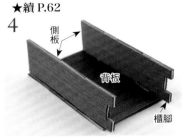
側板
背板
櫃腳

在背板兩側放上側板，突出的櫃腳對齊後，呈直角黏貼固定。

5

層板
層板　　層板

步驟1的2片層板，分別嵌入背板的上下緣，對齊後與側板黏貼固定。

6
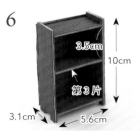
層板
3.5cm　10cm
第3片
3.1cm　5.6cm

距離上方層板3.5cm的下緣，嵌入黏貼第3片層板。

7

塗裝（白色／參照P.26）後即完成。再放入唱片裝飾。

✿ 黑膠唱盤＆黑膠唱片

＊紙藤帶的裁剪片數
①底座	可可摩卡	／取 12 股	4 cm × 5 片
②底座	可可摩卡	／取 6 股	4 cm × 2 片
③轉盤	黑色	／取 12 股	2.8 cm × 4 片
④黑膠唱片	黑色	／取 12 股	2.8 cm × 2 片
⑤唱臂	煤灰	／取 3 股	4 cm × 1 片
⑥轉軸	白色	／取 1 股	0.2 cm × 1 片

＊副材料
❶印花紙
(黑膠唱片標籤用)

1
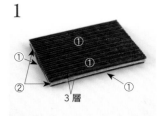
①・②底座以「同方向黏貼」
（參照P.29）貼成3層。

2
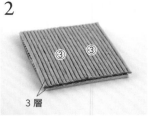
③轉盤以「縱・橫黏貼法」
（參照P.29）貼成2層，再畫出
直徑2.5cm的圓。

3

裁剪成直徑2.5cm的圓。

4
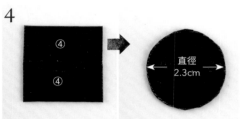
將2片④黑膠唱片對齊貼合（參照P.28），裁剪成
直徑2.3cm的圓。

5
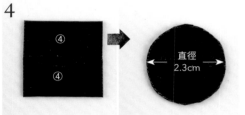
對齊轉盤與黑膠唱片的圓心黏
合，如圖示置於底座邊端0.9cm
處的中央。

6

⑤唱臂如圖示，修剪前端3.5cm
的部分。

7
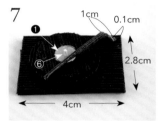
將步驟6底端的0.1cm處往上
摺，邊端算起以1cm處往下摺。底
端的0.1cm黏貼於底座上，將唱
臂前端置於唱片上方。在唱片
中央黏貼❶印花紙，再將⑥轉
軸黏貼於中央即完成。

✿ 觀葉植物

＊紙藤帶的裁剪片數
①花盆	可可摩卡	／取 6 股	35 cm × 1 片
②土壤	栗子	／取 12 股	5 cm × 1 片
③枝幹	牛皮紙色	／取 3 股	7.5 cm × 2 片
④葉子	萌黃	／取 12 股	2 cm × 15 片

1
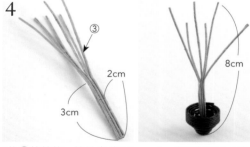
使用橡皮筋施壓
使用圓嘴鉗將①花盆捲繞成同心圓，止捲處
以白膠黏貼。將中央往上推，製作出花盆的
形狀。

2

於內側塗抹白膠，固
定形狀。

3
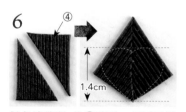
②土壤分割成1股寬之
後，裁剪成細碎狀。

4
2片③枝幹的一端疊合黏貼2cm，3cm之後的部分全部
分割成1股寬。分割的6條枝幹作出0.5cm至1cm左右
的參差，裁剪3・4條後往外展開。

5
在花盆之中塗抹白膠，將枝幹固定於內側後，撒下步驟3
的土壤黏貼。重複數次，直到枝幹的根部確實固定。

6
對角線剪開1片④葉子，如圖示拼
接截面黏貼固定，再繪上心形。

7
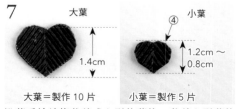
大葉＝製作 10 片　　小葉＝製作 5 片
沿著手繪線條裁剪成心形的葉片。裁剪心形葉片
時，一併製作稍微小一點的葉子。

8

以指尖彎曲葉緣塑形。

9
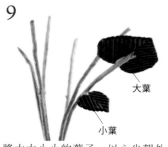
大葉
小葉
將大大小小的葉子，以心尖朝外
的方式均衡地黏貼在枝幹上。

10

整理葉子與枝幹的方向，完成。

＊紙藤帶的裁剪片數（青鼠色）
①本體　　取 8 股　　 4 cm × 1 片
②杯底　　取 12 股　 1.5 cm × 1 片
③把手　　取 2 股　　 2 cm × 1 片

1

本體重疊0.5cm黏貼成圈。

2

黏貼②杯底，沿杯緣剪去多餘部分。

3

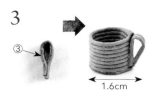

③把手摺彎後如圖示貼合兩端，再沿著步驟 2 的接合邊端黏貼即完成。

❀ 帽子與 S 型掛鉤

＊紙藤帶的裁剪片數
①帽冠　栗子／取 8 股　 5.5cm × 1 片
②帽頂　栗子／取 12 股　 2cm × 1 片
③帽簷　栗子／取 1 股　 50cm × 1 片
④緞帶　黑色／取 1 股　 8cm × 1 片
⑤掛鉤　黑色／取 2 股　 6cm × 1 片

1

①帽冠重疊0.5cm黏貼成圈，塑型成胖水滴的模樣。

2

黏貼②帽頂。

3

稍微壓摺前中央處，沿帽冠邊緣剪去多餘部分。

4

③帽簷貼齊帽身的紙藤邊端，一圈圈地水平捲繞，同時上膠黏貼。

5

止捲處的邊端外側如圖示斜剪，作出平滑的弧形後黏貼固定。

6

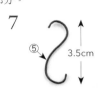

事先將④緞帶展開成紙片（參照P.28），裁成0.5cm寬，沿帽冠黏貼1圈即完成。

7

以圓嘴鉗將⑤掛鉤繞圓，整理成S形，勾在 A 字梯上，再掛上帽子裝飾。

❀ 桌子

＊紙藤帶的裁剪片數
①桌腳　　黑色 ／取 4 股　 5 cm × 12 片
②桌腳橫檔　黑色 ／取 4 股　 2 cm × 12 片
③桌腳橫檔　黑色 ／取 4 股　 4 cm × 12 片
④桌面　　可可亞／取 12 股　 6 cm × 4 片
⑤桌面　　可可亞／取 6 股　 6 cm × 2 片
⑥桌面　　可可亞／取 12 股　 3.5 cm × 5 片

1

①桌腳、②・③桌腳橫檔，每3片疊合黏貼成3層，各製作4組。

2

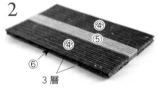

2片④桌面之間接合1片⑤，再與⑥桌面交錯黏貼成3層（參照P.29）。

3

在步驟 2 的中央區域四角立起4支①，再加入②・③連接固定。接著在距離桌板2.5cm的位置，將剩下的②・③對齊黏合。

4

塗裝（白色／參照P.26）後即完成。

❀ 裝飾方法

1

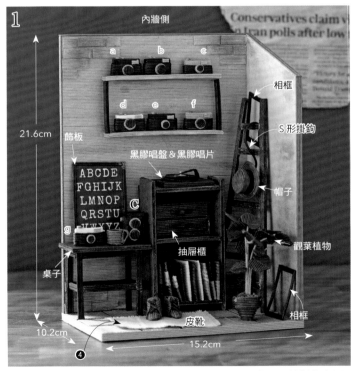

④麻布以小地毯的風格鋪設，放上皮靴擺飾。抽屜櫃放入置物櫃的上層。再將各部件適當地布置裝飾，完成。

⑥ 老件衣箱陳列擺飾

♛ P.14 的作品

＊材料　蛙屋紙藤帶（50m ／卷、10m ／卷：各 1 卷）

50m ／卷：牛皮紙色	綠色	雨蛙色
10m ／卷：靛藍	玉露	肉桂
黑糖蜜	栗子	可可摩卡
煤灰	乳白	青鼠色
可可亞	白鼠色	小雞
松葉	亞麻色	
豆沙粉膚色	萌黃	
蘭茶色	黃綠	

＊副材料
厚 2 ㎜的厚紙板（A4 尺寸）　1 片
厚 1 ㎜的厚紙板（A4 尺寸）　1 片
壓克力顏料（白色、生褐色）
油性筆（紅色）
＊工具　參照 P.25
＊完成尺寸　參照最終步驟圖

＊其他材料

❶仿舊外文書
❷黃麻纖維
❸永生花（滿天星／白）
❹松蘿（天然）
❺麻線
❻濾紙（無漂白）

作法　（為了更易於理解，在此將改換紙繩配色進行示範。）

❀ 內牆・外牆・地面

＊紙藤帶的裁剪片數

①內牆	靛藍 ／取 12 股	240 cm ×	1 片
②外牆	黑糖蜜 ／取 12 股	14 cm ×	19 片
③地面	煤灰 ／取 12 股	330 cm ×	1 片
④地板邊條	煤灰 ／取 7 股	55 cm ×	1 片
⑤地板	可可亞／取 12 股	14 cm ×	3 片
⑥地板	可可亞／取 7 股	14 cm ×	1 片
⑦磁磚	黑色 ／取 10 股	1.3 cm ×	15 片
⑧磁磚	可可亞／取 10 股	1 cm ×	15 片
⑨牆壁邊條	黑糖蜜／取 4 股	60 cm ×	1 片

＊副材料
厚紙板(2mm)

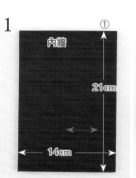

3

在轉角處裁斷④地板邊條，沿著邊緣包覆黏貼1圈。

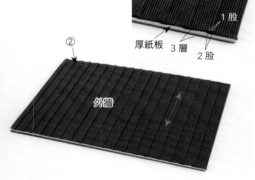

4

將內牆朝向自己，黏貼在距離地面前緣5.5 cm的位置。

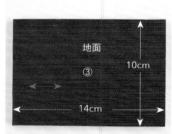
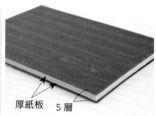

5

使用孔徑3mm與4mm的打孔機，如圖示在⑤・⑥地板的幾處打洞，塑造出木節紋理的模樣。地板從內牆開始，以少於2股寬的間隔黏貼3片⑤、1片⑥，剪去邊緣多餘部分。⑦・⑧磁磚以等間隔的市松花樣，交錯黏貼在外牆側的地面上。

1

厚紙板裁剪成14 cm×21 cm，①內牆以水平方向無間隙地緊密黏貼。②外牆從下緣開始黏貼，將第2片下緣的1股嵌入第1片上緣的2股之間，之後皆依序疊放黏貼。

2

厚紙板裁剪成2片14 cm×10 cm，參照P.27-地板的基底作法「5層的基底」，一邊裁剪③地面一邊黏貼。

6

7　　內牆

外牆

⑨牆壁邊條貼齊地面，開始在牆壁截面上黏貼包覆，並且在轉角處裁斷。

在地面‧牆壁上進行塗裝（白色‧生褐色／參照P.26）。

黏在展示櫃
0.5cm
⑥
0.2cm
⑥

❀ 展示櫃‧鈕釦藤

＊紙藤帶的裁剪片數

①展示櫃框	可可摩卡／取10股	18.5cm×1片	④莖蔓	可可亞 ／取1股 8cm×1片
②展示櫃邊條	可可摩卡／取2股	19cm×1片	⑤葉子	a松葉‧b綠色／取12股 10cm×1片
③展示櫃背板	可可摩卡／取12股	5.5cm×2片	⑥掛鉤	煤灰 ／取1股 1.5cm×1片

1

0.5cm
4cm
5cm
①

在①展示櫃框一端算起的5cm、4cm、5cm、4cm處，以美工刀切牙口（參照P.28），塗膠處重疊黏貼0.5cm。

2

②
③

在步驟1的上緣黏貼②邊條1圈，兩端接合後剪去多餘部分。③背板黏貼在底部，沿邊緣剪去多餘部分。

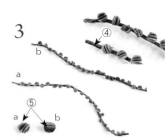

3

④
b
a
⑤
a b

④莖蔓裁剪成半股寬，使用孔徑3mm的打孔機裁出21個⑤葉子，黏貼在莖蔓上。

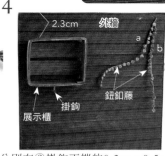

4

2.3cm　外牆
a
b
鈕釦藤
掛鉤
展示櫃

分別在⑥掛鉤兩端的0.2cm、0.5cm處摺疊，黏在「展示櫃」下方。展示櫃如圖示黏貼在外牆上。

❀ 格柵飾板‧牆頂‧紋飾

＊紙藤帶的裁剪片數

①格柵腳架A	可可亞／取4股	4cm×6片
②格柵面板A	可可亞／取6股	5cm×4片
③格柵腳架B	可可亞／取4股	5cm×6片
④格柵面板B	可可亞／取6股	4cm×5片
⑤牆頂	可可亞／取10股	14cm×1片
⑥紋飾	黑糖蜜／取2股	5cm×1片

＊副材料
❹松蘿

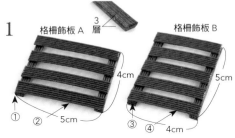

1　格柵飾板A
3層
格柵飾板B
4cm
5cm
①
②
5cm
③
④
4cm

①格柵腳架A、③格柵腳架B，每3片疊合黏貼成3層，各製作2組。分別在2組①‧③上方，等間隔黏貼②格柵面板A‧④格柵面板B。

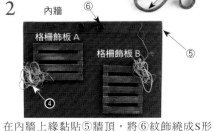

2　內牆
⑥
格柵飾板A
格柵飾板B
⑤
④

在內牆上緣黏貼⑤牆頂，將⑥紋飾繞成S形後，黏貼於牆頂中央處。將格柵飾板A‧B固定於內牆上，再以白膠適當黏貼❹松蘿。

❀ 蠟燭

＊紙藤帶的裁剪片數（1個份）

①本體	白色 ／取8股	8cm×1片
②燭芯	白鼠色／取1股	2cm×1片

＊副材料 ❶仿舊外文書

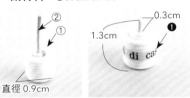

②
①
0.3cm
1.3cm
❶
di ca
直徑0.9cm

使用圓嘴鉗捲繞①本體，止捲處以白膠固定。②燭芯一端塗抹白膠，插入①的中央黏貼固定，預留0.3cm後剪斷。將❶仿舊外文書裁成0.3cm×4cm，纏繞於本體上。製作3個。

❀ 書本

＊紙藤帶的裁剪片數

①封面	a小雞‧b青鼠色／取10股	2cm×各2片
②書背	a小雞‧b青鼠色／取4股	2cm×各1片
③內頁	白色／取9股	2cm×4片

＊副材料 ❶仿舊外文書 ❺麻線

1

4層
①
③
a
1.4cm
2cm
②
b

2片③內頁黏貼成2層，再以2片①封面包夾，對齊書背後黏貼固定。再貼上②書背。

2
❺
❶
2cm
0.8cm

將2冊書本黏合，疊放撕碎後的❶仿舊外文書，如圖示以❺麻線綁繫，完成。

❀ 鳥籠＆綠植

＊紙藤帶的裁剪片數
①籠底　煤灰／取 3 股　15 cm × 1 片
②籠條　煤灰／取 2 股　8 cm × 2 片
③籠圈　煤灰／取 1 股　6.5 cm × 1 片
④掛環　煤灰　　　　　　　　／取 1 股　2 cm × 1 片
⑤綠植　a 肉桂・b 玉露・c 松葉／取 12 股　1.2 cm × 各 1 片

＊副材料　❷黃麻纖維

1 籠底

直徑 1.4 cm

使用圓嘴鉗捲繞①籠底，黏貼固定。

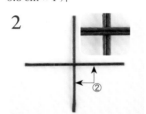

2

②籠條如圖示對齊中心點，黏貼成十字。

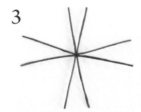

3

分別將步驟 2 分割成 1 股寬，直至中央為止。

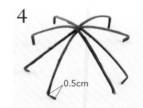

4

0.5cm

將步驟 3 如圖示向上彎摺立起，末端 0.5 cm 處往內側摺。

5 籠底

籠底放入籠條內側，將彎摺的末端等間隔黏貼於籠底。

6 籠圈 ③

③籠圈重疊 0.5 cm，接合成圈。

7 掛環 ④

0.2cm

④掛環如圖示在兩端 0.2 cm 處接合，末端往外彎摺。

8 1.5cm 籠圈

將步驟 6 的籠圈，黏貼在距離步驟 5 上方 1.5 cm 處。

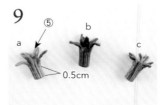

9 ⑤ a b c

0.5cm

⑤綠植，製作方法同下方「盆栽-3」。

10 4.1 cm

直徑 2cm

將步驟 9 的綠植與❷黃麻纖維放入鳥籠後，掛在展示櫃下方的掛鉤上裝飾。

❀ 盆栽

＊紙藤帶的裁剪片數（1 個份）
①本體　白鼠色／取 6 股　3 cm × 1 片
②盆底　白鼠色／取 10 股　1 cm × 1 片
③吊柄　白鼠色／取 2 股　3 cm × 1 片
④綠植　玉露　／取 12 股　1.2 cm × 1 片
⑤S 形掛鉤　黑糖蜜／取 2 股　5 cm × 1 片

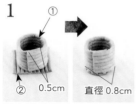

1 ①

② 0.5cm　直徑 0.8cm

①本體重疊 0.5 cm，黏貼接合成圈，將②盆底黏貼於底部，再沿本體邊緣剪去多餘部分。

2

0.5cm
③

③吊柄貼齊本體的止捲處黏貼固定，修剪上端的邊角後，在 0.5 cm 處摺彎。

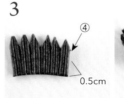

3 ④

0.5cm

取 1 片④綠植，下方 0.5 cm 以外的部分皆分割成 2 股寬，頂端如圖示剪成山形。接著捲繞成圓柱狀，黏貼固定後將葉尖往外展開。

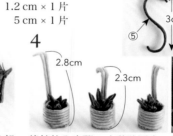

4 2.8cm 2.3cm

⑤ 3cm

綠植放入步驟 2 中黏貼固定，使用圓嘴鉗彎曲⑤S 形掛鉤的兩端，作成 S 形。塗裝（生褐色／參照 P.26）後即完成。製作 3 個。※③吊柄可變換長度，營造節奏感。

❀ 寶箱型 B・寶箱型 C 衣箱裡的裝飾物（多肉植物）

＊紙藤帶的裁剪片數（各 1 個份）
①葉子 -a　玉露・綠色／取 12 股　3 cm × 1 片
②葉子 -b　肉桂　　　／取 12 股　1.2 cm × 1 片
③葉子 -c　雨蛙色　　／取 12 股　1.2 cm × 1 片
④葉子 -d　黃綠　　　／取 12 股　1.2 cm × 1 片
⑤葉子 -e　亞麻色・玉露／取 12 股　3 cm × 1 片
⑥小花盆　白色　　　　／取 8 股　3 cm × 1 片
⑦盆底　白色　　　　　／取 8 股　1 cm × 1 片
⑧大花盆　乳白・白鼠色／取 10 股　4 cm × 1 片
⑨盆底　乳白・白鼠色　／取 12 股　1.5 cm × 1 片
⑩花盆　亞麻色／取 4 股　15 cm × 1 片

＊副材料　❷黃麻纖維　❸永生花　❻濾紙

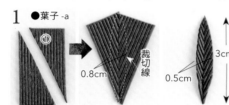

1 ●葉子 -a
⑪

0.8cm 裁切線　3cm　0.5cm

對角線剪開 1 片①葉子，如圖示拼接截面黏貼固定。接著依裁切線的形狀剪出葉片。製作玉露＝1 個、綠色＝2 個。

●花盆

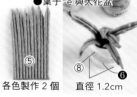

2 ●葉子 -b 與小花盆　●葉子 -c 與小花盆　●葉子 -d 與小花盆　●葉子 -e 與大花盆

② ⑥　③ ⑥　④ ⑥　⑤ ⑧ ⑥
製作 4 個　直徑 0.8cm　製作 3 個　製作 3 個　各色製作 2 個　直徑 1.2cm

②～⑤的●葉子 b 至 e，作法要領同上方的「盆栽-3」，將 b・d・e 的葉尖分割成 2 股寬後裁剪成山形。●葉子-c 的葉尖分割成 3 股寬後修剪成圓形。●⑥小花盆・⑧大花盆的作法同「盆栽-1」，再將撕碎的⑥濾紙黏貼在⑧上。●花盆作法參照 P.64-觀葉植物的花盆製作。塗裝花盆與葉子-d 的葉尖（生褐色・紅色油性筆／參照 P.26），完成。

❀ 行李箱

＊紙藤帶的裁剪片數

①箱蓋‧底板	松葉	／取 12 股	7cm × 12 片
②本體側板	松葉	／取 12 股	7cm × 2 片
③上蓋側板	松葉	／取 10 股	7cm × 2 片
④本體側板	松葉	／取 12 股	4.4cm × 2 片
⑤上蓋側板	松葉	／取 10 股	4.4cm × 2 片
⑥飾帶	可可亞	／取 2 股	15cm × 2 片
⑦飾帶	可可亞	／取 3 股	15cm × 2 片
⑧飾片	可可亞	／取 3 股	1cm × 3 片
⑨提把	可可亞	／取 3 股	3cm × 1 片
⑩側板五金	可可亞	／取 3 股	2cm × 2 片

＊副材料 厚紙板（1mm） ❶仿舊外文書

1

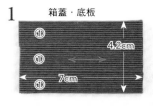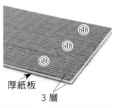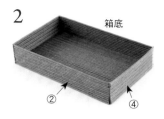

箱蓋‧底板　4.2cm　7cm　⑪　厚紙板　3層

裁剪2片7cm×4.2cm的厚紙板，①箱蓋‧底板以平行方向無間隙地黏貼於厚紙板兩面，剪去多餘部分。製作2組。

2　箱底

取步驟1的1片作為底板，在長邊截面放置2片②本體側板黏貼固定，再於左右兩側的截面黏貼2片④本體側板。

3　箱蓋

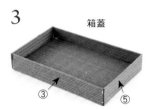

③　⑤

同步驟2的要領，分別在另1片箱蓋黏貼各2片的③‧⑤上蓋側板。

4

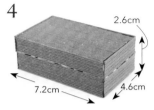

2.6cm　7.2cm　4.6cm

對齊步驟2‧3，以白膠固定。

5

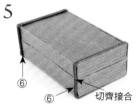

⑥　⑥　切齊接合

將⑥飾帶一端對齊本體與上蓋接合的邊緣，黏貼在步驟4的兩側，剪去多餘部分。

6

2cm　⑦

在左右內側2cm的位置黏貼1圈⑦飾帶，起始位置同步驟5。

7

⑧

將⑧飾片裁剪成菱形，製作3個。

8

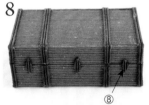

⑧

3個裁剪好的步驟7，分別黏貼在步驟6接合的位置中央。

9

0.5cm　⑨　⑩　2cm　1.4cm　0.3cm

修剪⑨提把兩端的邊角，作出提把的形狀。⑩側板五金則是如圖示斜剪左右兩側

10

⑨　⑩

提把如圖示黏貼於本體側，側板五金對齊本體側板的上緣，分別黏貼在兩側板上。

11

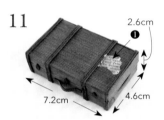

2.6cm　❶　7.2cm　4.6cm

黏貼撕碎的❶仿舊外文書後，進行塗裝（生褐色／參照P.26）即完成。

❀ 闔起的手提箱 A‧B

＊紙藤帶的裁剪片數

①箱蓋‧底板	A 牛皮紙色 B 乳白／取 12 股	40 cm × 2 片
②側板	A 牛皮紙色 B 乳白／取 12 股	6 cm × 2 片
③側板	A 牛皮紙色 B 乳白／取 12 股	4.2 cm × 2 片
④內撐條	A 牛皮紙色 B 乳白／取 6 股	10 cm × 1 片
⑤上蓋側板	A 牛皮紙色 B 乳白／取 6 股	6.2 cm × 2 片
⑥上蓋側板	A 牛皮紙色 B 乳白／取 6 股	4.4 cm × 2 片
⑦包角	A‧B 栗子　　　／取 12 股	12 cm × 1 片
⑧提把	A‧B 栗子　　　／取 4 股	3 cm × 1 片

＊副材料 厚紙板（1mm）

1

箱蓋‧底板　①　①　①　4cm　6cm　厚紙板　3層

裁剪2片6cm×4cm的厚紙板，兩面分別以①箱蓋‧底板無間隙地平行黏貼。

2

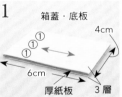

④　②　③

同「行李箱-2」的要領，在步驟1的1片周圍黏貼②‧③側板各2片。④內撐條重疊0.5cm黏貼接合成圈，再固定於中央。

3

第2片

將步驟1的另1片箱蓋嵌入步驟2的側板內，黏合固定。

4　箱蓋

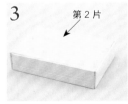

⑤　⑥

沿著步驟3的上緣，黏貼各2片的⑤‧⑥上蓋側板。

5

⑦　黏貼半圓　短邊側　直徑1cm　黏貼1/4圓

⑦包角先裁剪成6個直徑1cm的圓，再剪成半圓與1/4圓，如圖示黏貼。

6

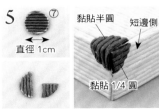

同步驟5的要領，分別在8個邊角黏貼包角。

7

0.5cm　⑧　B

依照「行李箱-9‧10」的要領裁剪⑧提把，黏貼於本體側後進行塗裝（生褐色／參照P.26），完成。

A

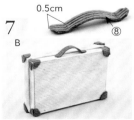

1.5cm　6.6cm　4.6cm

＊紙藤帶的裁剪片數

①底板	栗子	／取 12 股	40 cm × 1 片
②前・背板	栗子	／取 12 股	45 cm × 2 片
③側板	栗子	／取 12 股	40 cm × 2 片
④邊條	栗子	／取 3 股	22 cm × 1 片
⑤上蓋框	黑糖蜜	／取 5 股	22 cm × 1 片
⑥上蓋	栗子	／取 12 股	6 cm × 3 片
⑦上蓋	栗子	／取 6 股	6 cm × 1 片
⑧飾條	栗子	／取 3 股	60 cm × 1 片
⑨飾板	栗子	／取 10 股	4 cm × 6 片
⑩提把	黑糖蜜	／取 2 股	3 cm × 2 片
⑪鎖扣	黑糖蜜	／取 5 股	1.5 cm × 1 片

＊副材料 厚紙板（1mm）

1

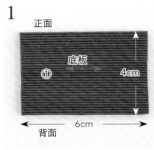

厚紙板裁剪成6cm×4cm，一邊裁剪1片①底板，以同方向無間隙地黏貼於厚紙板的兩面。

2

厚紙板裁剪成6cm×5cm，一邊裁剪②前・背板，一邊同方向無間隙地黏貼於厚紙板的兩面。製作2組。

3

厚紙板裁剪2片4cm×6cm，以距離上端2.5cm的中央為圓心，畫出直徑5cm的圓。沿著弧線剪去多餘部分。

4

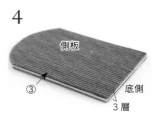

一邊裁剪③側板，一邊同方向無間隙地黏貼於步驟2上。製作2組。

5

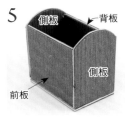

2組側板與前・背板置於底板上方，呈直角狀貼齊邊緣，黏貼固定。

6

一邊裁剪④邊條，一邊包覆黏貼底板四邊的截面1圈。

7

一邊裁剪⑤上蓋框，一邊貼齊前・背板的上緣，黏貼1圈。

8

⑥・⑦上蓋貼合黏貼（參照P.28）。

9

步驟8的上蓋前沿貼齊⑤，沿著步驟7的弧度黏貼成拱形。

10

止黏處同樣對齊⑤，剪去多餘部分後黏貼固定。

11

一邊裁剪⑧飾條，一邊在前・背板、上蓋，等間隔黏貼4片。

12

分別在前・背板⑧之間的框內中央，等間隔黏貼3片⑨飾板。

13

⑩提把兩端重疊0.2cm黏接成圈，作成橢圓形，製作2個。⑪鎖扣裁剪成半圓形後，以孔徑2㎜的打孔機於中央處打洞。

14

提把分別黏貼於兩側側板中央。

15

鎖扣黏貼於前中央。

16

塗裝（生褐色／參照P.26）後即完成。

＊紙藤帶的裁剪片數（萌黃）

①莖蔓	取 1 股	10 cm × 2 片
②葉子	取 8 股	1 cm × 8 片
③葉子	取 6 股	1 cm × 13 片
④莖蔓	取 1 股	5.5 cm × 1 片

1

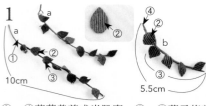

①・④莖蔓裁剪成半股寬。②・③葉子修剪邊角成葉狀，均衡地黏貼a＝8片、b＝5片。

2

在打開的手提箱上以白膠黏貼b，2片a則是從格柵飾板A的上緣垂掛，黏貼固定。

❁ 寶箱型 B

＊紙藤帶的裁剪片數

①底板	蘭茶色／取 12 股	5 cm × 3 片
②底板	蘭茶色／取 6 股	5 cm × 2 片
③前・背板	蘭茶色／取 12 股	5 cm × 2 片
④前・背板	蘭茶色／取 6 股	5 cm × 2 片
⑤側板	蘭茶色／取 12 股	3 cm × 2 片
⑥側板	蘭茶色／取 6 股	3 cm × 2 片
⑦上蓋	蘭茶色／取 12 股	3 cm × 4 片
⑧上蓋	蘭茶色／取 12 股	5 cm × 3 片
⑨上蓋邊條	蘭茶色／取 2 股	3 cm × 2 片
⑩飾帶	黑糖蜜／取 3 股	15 cm × 2 片
⑪箱扣	黑糖蜜／取 3 股	0.5 cm × 2 片
⑫箱扣	黑糖蜜／取 2 股	1 cm × 1 片
⑬提把	黑糖蜜／取 3 股	3 cm × 1 片

＊副材料
❷黃麻纖維
❸滿天星
❹松蘿

1
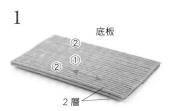
底板
①・②底板參照P.29-「同方向黏貼」作法，黏貼成2層。

2
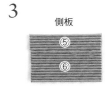
前・背板
③・④前・背板各1片對齊黏貼（參照P.28），製作2組。

3
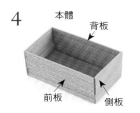
側板
⑤・⑥側板各1片對齊黏貼（參照P.28），製作2組。

4
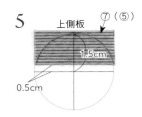
本體／背板／前板／側板
2組側板與前・背板置於底板上方，呈直角狀貼齊邊緣，黏貼固定。

5
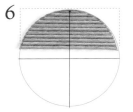
上側板／⑦（⑤）／1.5cm／0.5cm
以距離⑦（⑤）上蓋下緣0.5cm的中央為圓心，畫出直徑3cm的圓。※（ ）內標示的數字為「寶箱型C」的紙藤帶編號（以下皆同）。

6
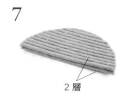
沿弧線剪去多餘部分。製作4片。

7
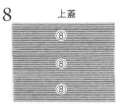
2層
將步驟6黏合成2層。

8
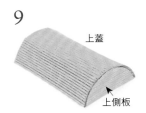
上蓋
⑧（⑥）上蓋對齊黏貼（參照P.28）。

9

上蓋／上側板
步驟8的兩端與步驟7的2組半圓對齊，黏貼成拱形，⑧的多餘部分則是分割修整。

10

⑨（⑦）
如圖示在步驟9的上側板內側，各黏貼1片⑨（⑦）上蓋邊條。

11
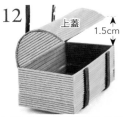
⑩／1cm
在本體前板兩側的1cm內側，各黏貼1片⑩（⑧）飾帶，一邊在邊角處彎摺一邊貼在3個面上。

12

上蓋／1.5cm
上蓋對齊本體邊緣後黏貼固定，以上蓋保持打開的狀態，繼續黏貼⑩（⑧）。

13
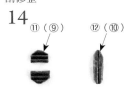
⑩（⑧）疊合黏貼至上蓋邊緣，剪去多餘部分。

14

⑪（⑨）／⑫（⑩）
⑪・⑫（⑨・⑩）箱扣如圖示修剪邊角。

15

⑫（⑩）／⑪（⑨）
⑪（⑨）黏貼於本體與上蓋的中央邊緣。再將⑫（⑩）疊放黏貼於上蓋的箱扣上，末端稍往內側彎摺。

16

⑬（⑪）0.5cm／上蓋
修剪⑬（⑪）提把兩端的邊角，作出提把的形狀，黏貼於上蓋中央的飾帶上。

17

4.4cm／5.2cm／3.2cm
塗裝（生褐色／參照P.26）後放入綠植作為點綴，完成。

18

寶箱內部鋪上❷黃麻纖維、❹松蘿，再裝飾❸永生花與各部件。
※內裝物品的作法請參照P.68。

葉子-a／玉露／綠色／花盆／❷・❹／葉子-b／葉子-c／葉子-d／❸

✿ 寶箱型 C

＊紙藤帶的裁剪片數

①底板	豆沙粉膚色／取 12 股	3.8 cm × 3 片
②底板	豆沙粉膚色／取 6 股	3.8 cm × 2 片
③前‧背板	豆沙粉膚色／取 12 股	3.8 cm × 2 片
④側板	豆沙粉膚色／取 12 股	3 cm × 2 片
⑤上蓋	豆沙粉膚色／取 12 股	3 cm × 4 片
⑥上蓋	豆沙粉膚色／取 12 股	4 cm × 3 片

⑦上蓋邊條	豆沙粉膚色／取 2 股	3 cm × 2 片
⑧飾帶	可可亞／取 3 股	11 cm × 2 片
⑨箱扣	可可亞／取 3 股	0.5 cm × 2 片
⑩箱扣	可可亞／取 2 股	1 cm × 1 片
⑪提把	可可亞／取 3 股	2 cm × 1 片

＊副材料
⑥濾紙

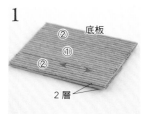

1
①‧②底板參照P.29-「同方向黏貼」作法，黏貼成2層。

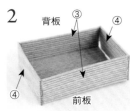

2
分別在底板上方四邊放置③前‧背板、④側板各1片，呈直角狀黏貼固定。

3
同P.71-「寶箱型B-5至17」的要領製作，塗裝（生褐色／參照P.26）後，將⑥濾紙撕碎並輕輕搓揉，鋪設在箱內，再放入部件裝飾。※內裝物品的作法請參照P.68。

✿ 打開的衣箱

＊紙藤帶的裁剪片數

①底板	白鼠色／取 12 股	4.5cm × 3 片
②底板	白鼠色／取 6 股	4.5cm × 2 片
③上蓋	白鼠色／取 12 股	4.5cm × 3 片
④上蓋	白鼠色／取 6 股	4.5cm × 2 片
⑤底側板	白鼠色／取 8 股	4.5cm × 2 片
⑥底側板	白鼠色／取 8 股	3cm × 2 片
⑦上蓋側板	白鼠色／取 6 股	4.5cm × 2 片
⑧上蓋側板	白鼠色／取 6 股	3cm × 2 片
⑨飾帶	煤灰／取 3 股	13cm × 2 片
⑩提把	煤灰／取 3 股	3cm × 1 片

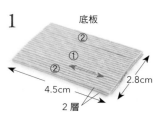

1
①‧②底板參照P.29-「同方向黏貼」作法，黏貼成2層。

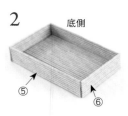

2
⑤‧⑥底側板呈直角貼齊底板外圍，黏貼固定。

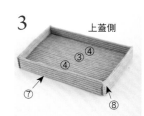

3
同步驟1的要領製作③‧④上蓋，再依照步驟2的作法黏貼⑦‧⑧上蓋側板。

4
同P.71-11至13的要領黏貼2片⑨飾帶，以上蓋打開的狀態貼合固定，再裁剪多餘的飾帶。

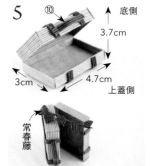

5
同P.71-16的要領，將⑩提把安裝黏貼於底側，塗裝（生褐色／參照P.26）後即完成。※常春藤的作法請參照P.70。

✿ 裝飾方法

1

將各部件適當地裝飾，完成。

＊**材料**　蛙屋紙藤帶（10m／卷）

白色	2 卷	煤灰	1 卷
白鼠色	1 卷	乳白	1 卷
月白色	1 卷	櫻花	1 卷
淡青色	1 卷	萌黃	1 卷
豆沙粉膚色	1 卷	金色	1 卷

＊**副材料**
厚 2 mm的厚紙板（A4 尺寸）1 片
厚 1 mm的厚紙板（A4 尺寸）1 片
透明 PP 板（A5 尺寸）1 片
鏡面板（A4 尺寸）1 片
製圖用方格紙
壓克力顏料
（白色、生褐色、金屬金色）

＊**工具**　參照 P.25
＊**完成尺寸**
參照最終步驟圖

＊**其他材料**

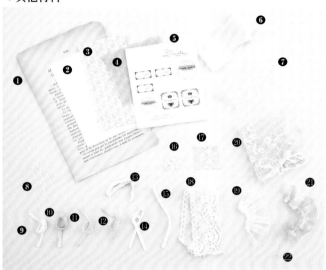

❶仿舊外文書
❷印花紙（手提箱用＝ 13cm × 11cm）
❸印花紙（帽盒用＝ 10cm × 10cm）
❹薄葉紙（禮服用＝ 13cm × 10cm）
　（薔薇花束用＝ 3cm × 3cm）
❺標籤
❻雪紡布（壁飾用＝ 3cm × 27cm）
❼薄紗蕾絲（全身鏡用＝ 17cm × 10cm）
　（長筒靴用＝ 5cm × 5cm）
❽永生花（滿天星）
❾寬 0.5 cm的蕾絲（蕾絲繞線板用＝ 10cm）
❿寬 0.5 cm的蕾絲（蕾絲繞線板用＝ 10cm）
⓫寬 0.3 cm的蕾絲（蕾絲繞線板用＝ 10cm）
⓬寬 0.5 cm的蕾絲（飾框用）10cm
⓭寬 1 cm的絲帶（禮服用／原色）　6cm × 1 片
⓮寬 0.3 cm的緞帶（帽盒用）15cm × 3 片
⓯寬 0.5 cm的蕾絲（洋傘用）10cm
⓰蕾絲貼飾（蕾絲飾框用＝ 2cm × 3cm）
⓱寬 3 cm的蕾絲（蕾絲飾框用）3cm
⓲寬 3.5 cm的蕾絲（桌子用）19cm × 1 片
⓳寬3 cm的荷葉邊薄紗蕾絲（帽盒用）5cm
⓴蕾絲（禮服用＝ 15cm × 10cm）
㉑寬 2 cm的荷葉邊蕾絲（洋傘用）　6cm × 1 片
㉒寬 0.3 cm的蕾絲
　（迷你提包 A 用＝ 2cm × 1 片）
　（迷你提包 B 用＝ 2.5cm × 1 片）

作法　（為了更易於理解，在此將改換紙繩配色進行示範）

內牆・外牆・地面

＊**紙藤帶的裁剪片數**

①內牆	白色	／取 12 股	240cm	×	1 片
②外牆	白色	／取 12 股	14cm	×	18 片
③腰線板	白色	／取 3 股	14cm	×	1 片
④牆面裝飾	白色	／取 3 股	6cm	×	6 片
⑤牆面裝飾	白色	／取 3 股	4cm	×	6 片
⑥牆壁邊條	白色	／取 4 股	60cm	×	1 片
⑦地面	白鼠色	／取 12 股	350cm	×	1 片
⑧地板	白鼠色	／取 6 股	4cm	×	49 片
⑨地板	月白色	／取 6 股	4cm	×	23 片
⑩地板邊條	白鼠色	／取 8 股	40cm	×	1 片
⑪地板邊條	白鼠色	／取 12 股	14cm	×	1 片

＊**副材料**
厚紙板（2mm）
製圖用方格紙
❶仿舊外文書

厚紙板　　3 層

1

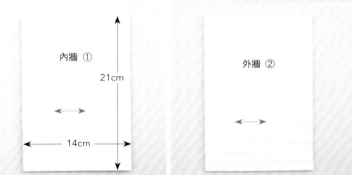
內牆 ①　21cm　14cm　　　外牆 ②

厚紙板裁剪成14cm × 21cm，一邊裁剪①內牆，一邊以水平方向無間隙地黏貼。②外牆從下緣開始黏貼，將第2片下緣的1股嵌入第1片上緣的2股之間，之後皆依序疊放黏貼。

2

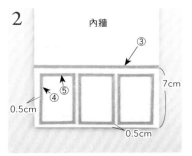
內牆　③　7cm　0.5cm　④⑤　0.5cm

③腰線板黏貼於距離下緣的7cm處，④・⑤牆面裝飾各2片，以倒角框作法（參照P.26）黏貼3組。

3

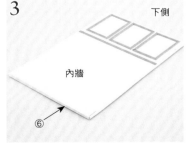
下側　內牆　⑥

在轉角處裁斷⑥牆壁邊條，除下側之外，包覆黏貼牆壁3邊的截面。

4

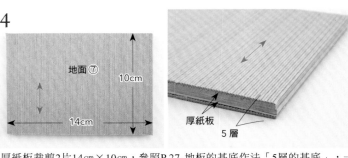

地面⑦

10cm

14cm

厚紙板

5層

厚紙板裁剪2片14cm×10cm，參照P.27-地板的基底作法「5層的基底」，一邊裁剪⑦地面一邊黏貼。

5

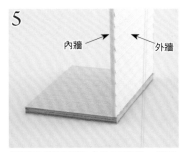

內牆　外牆

如圖示將牆壁貼合地面邊緣，黏貼成直角。

6

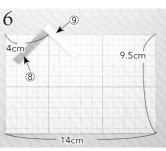

⑨

4cm

9.5cm

⑧

14cm

製圖用方格紙裁剪成14cm×9.5cm，在左側邊端4cm的位置，以45度角黏貼1片⑧地板，再將1片⑨地板的邊端以90度角接合貼上。

7

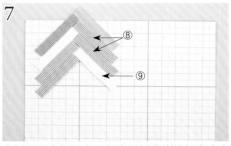

⑧

⑨

在製圖用方格紙上，依序將紙藤邊端組合成直角，以2片⑧‧1片⑨為1組花樣的方式繼續黏貼。

8

正面　背面

如圖示黏貼地板，直到完全遮住製圖用方格紙為止。

9

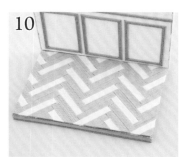

9.5cm

14cm

沿步驟8的製圖用方格紙剪去多餘地板。

10

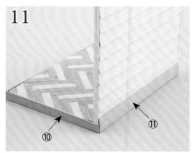

步驟9緊貼內牆，黏貼固定。

11

⑩　⑪　⑩

一邊在轉角處裁斷⑩地板邊條，一邊包覆黏貼內牆側的地面3邊。將⑪地板邊條黏貼於外牆側的截面上。

12

地面

塗裝地面‧內牆（白色‧生褐色／參照P.26）。

13

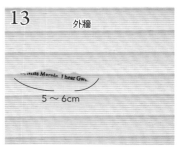

外牆

5～6cm

將❶仿舊外文書撕成細碎狀，適當黏貼在外牆的3個地方。

14

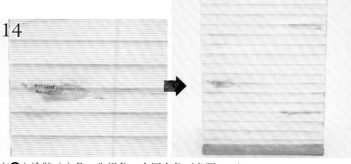

在❶上塗裝（白色‧生褐色‧金屬金色／參照P.26）。

❈ 內牆壁飾

紙藤帶的裁剪片數（白鼠色）
①壁飾板　取12股　12cm×2片
②壁飾板　取 6股　12cm×2片

③飾邊　取2股　15cm×1片
④飾邊　取3股　15cm×1片
⑤飾邊　取4股　15cm×1片
⑥紋飾　取3股　8cm×2片

⑦紋飾　取3股　6cm×2片
⑧紋飾　取2股　2cm×3片
⑨掛鉤　取3股　1.5cm×3片

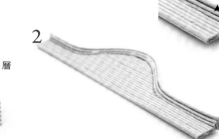

1
原寸

①・②壁飾板各2片同方向黏貼成2層（參照P.29），比照原寸大小進行裁剪。

2
依照順序在裁剪的上緣截面黏貼③～⑤飾邊，黏貼時要注意背面是否保持平坦。

3
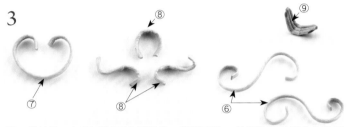

⑥～⑧紋飾，如圖示以圓嘴鉗彎曲，塑造形狀。⑨掛鉤修剪邊角後對摺。

4
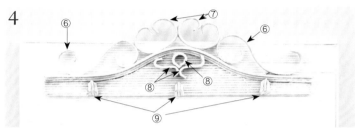

如圖示將步驟2置於內牆上方中央，拼接各部件黏貼固定。塗裝（白色・生褐色／參照P.26）後即完成內牆壁飾。

❈ 手提箱

紙藤帶的裁剪片數（白色）
①箱蓋・底板　取12股　40cm×2片
②側板　取12股　6cm×2片
③側板　取12股　4.2cm×2片
④上蓋　取6股　6.2cm×2片
⑤上蓋　取6股　4.4cm×2片
⑥內撐條　取6股　10cm×1片
⑦飾帶　取3股　12cm×2片
⑧提把　取3股　3.5cm×1片
❶副材料　厚紙板（1mm）
❷印花紙（手提箱用）

1
箱蓋・底板
①
3層

裁剪2片6cm×4cm的厚紙板，以1片①箱蓋・底板無間隙地平行黏貼於厚紙板的兩面。製作2組。

2
在步驟1的1組周圍黏貼②・③側板各2片。

3
0.5cm
❷
④ ⑤

以④上蓋長度外加0.5cm的塗膠處裁剪❷印花紙，接著如圖示修剪❷的邊角後，包覆黏貼。餘下的④、2片⑤上蓋，亦以相同作法黏貼。

4
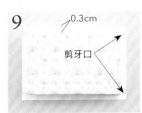
0.5cm

⑥內撐條重疊0.5cm貼合成圈，再黏貼固定於步驟2的中央。

5
箱底・上蓋

在步驟1的另1組箱底・上蓋周圍塗抹白膠，嵌入步驟4的側板內，黏貼固定。

6

❷　1.6cm
剪牙口

外加1.6cm的塗膠處裁剪❷，將步驟5黏貼於中央後，在❷剪牙口。

7
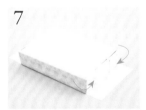

將步驟6的塗膠處黏貼在側板上，牙口處如圖示往側邊反摺黏貼。

8

❷包覆黏貼箱底與側板的模樣。

9

0.3cm
剪牙口

將步驟8翻至背面，加上0.3cm塗膠處裁剪❷之後，將步驟2的那面黏貼於中央。

10
同步驟7・8的要領，包覆黏貼塗膠處。

11

⑤
④

將步驟3的④・⑤上蓋黏貼邊緣1圈。

12

⑦
1.5cm
接合

在兩側邊端1.5cm的位置上，由側板邊緣開始黏貼1片⑦飾帶1圈，兩端接合後，剪去多餘部分。

13
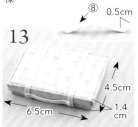
⑧ 0.5cm
4.5cm
6.5cm
1.4cm

⑧提把修剪邊角、彎曲塑形，黏貼於步驟12的飾帶接合處。完成。

✿ 百葉窗

＊紙藤帶的裁剪片數（月白色）
①本體　　取 12 股　　10 cm × 3 片
②本體　　取 6 股　　10 cm × 2 片
③窗框　　取 4 股　　10 cm × 4 片
④窗框　　取 4 股　　2 cm × 4 片
⑤葉片　　取 6 股　　2 cm × 18 片
⑥葉片　　取 3 股　　2 cm × 1 片

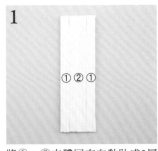

1 將①・②本體同方向黏貼成2層（參照P.29）。

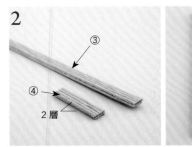

2 分別將③・④窗框黏合成2層，疊放在步驟1的4邊，如圖示接合成直角，黏貼固定。

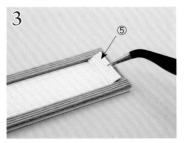

3 在⑤葉片的上緣2股塗抹白膠，由步驟2的底側開始黏貼第1片。

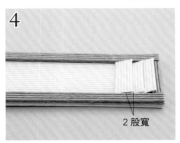

4 自第2片⑤開始，以下緣重疊前片2股的方式黏貼葉片。

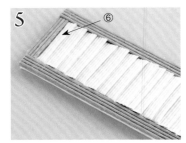

5 止黏處貼上⑥葉片。

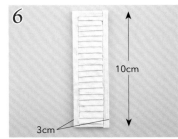

6 塗裝（生褐色／參照P.26）後即完成。

✿ 帽盒

＊紙藤帶的裁剪片數

小（a 白色・b 白鼠色・c 白色）
①盒底・上蓋　取 12 股　3cm × 8 片
②盒底・上蓋　取 4 股　3cm × 4 片
③本體盒身　　取 8 股　8.5cm × 1 片
④內盒身　　　取 8 股　8cm × 1 片
⑤上蓋側板　　取 4 股　8.5cm × 1 片

中（白鼠色）
①盒底・上蓋　取 12 股　3.5cm × 8 片
②盒底・上蓋　取 6 股　3.5cm × 4 片
③本體盒身　　取 8 股　10cm × 1 片
④內盒身　　　取 8 股　9.5cm × 1 片
⑤上蓋側板　　取 4 股　10cm × 1 片

大（乳白）
①盒底・上蓋　取 12 股　3.5cm × 8 片
②盒底・上蓋　取 6 股　3.5cm × 4 片
③本體盒身　　取 12 股　10cm × 1 片
④內盒身　　　取 12 股　9.5cm × 1 片
⑤上蓋側板　　取 6 股　10cm × 1 片

＊副材料
❶仿舊外文書
❸印花紙（帽盒用）
❺標籤
⓮寬0.3 cm的緞帶（帽盒用）
⓳寬3 cm的荷葉邊薄紗蕾絲（帽盒用）

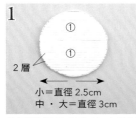

1 依圓形零件的作法（參照P.28），將2片①盒底・上蓋、1片②盒底・上蓋黏合成2層，裁成直徑2.5cm的圓形。製作2組。
小＝直徑 2.5cm
中・大＝直徑 3cm

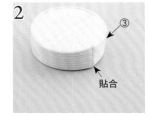

2 ③本體盒身沿步驟1的1組邊緣黏貼1圈，兩端貼合，剪去多餘部分。

3 在步驟2的內側黏貼④內盒身1圈，兩端貼合，剪去多餘部分。

4 在步驟1的另1組邊緣黏貼⑤上蓋側板1圈，兩端貼合，剪去多餘部分。

5 將步驟4的上蓋蓋在步驟3的盒身上，完成。
小＝直徑 2.7cm
中・大＝直徑 3.2cm

6 a 白色　小
小帽盒a・b是在步驟5的上蓋黏貼❺標籤，塗裝（生褐色／參照P.26）後即完成。

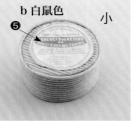

b 白鼠色　小

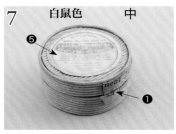

7 白鼠色　中
中帽盒作法同步驟1～5，製作直徑3cm的盒身與上蓋。在上蓋黏貼❺標籤，盒身黏貼❶仿舊外文書，塗裝（生褐色／參照P.26）後即完成。

8 乳白　大
大帽盒作法同步驟1～5，製作直徑3cm的盒身與上蓋。黏貼❺標籤，塗裝（生褐色／參照P.26）後即完成。

9 c印花

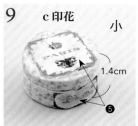

小

盒底・上蓋

1.4cm
❺
❶

小c（印花）是在步驟5的盒身與上蓋，將裁剪成圓形的❸印花紙，黏貼於盒底・上蓋上，盒身則裁剪成帶條狀後黏貼包覆。在上蓋內側黏貼撕碎的❶仿舊外文書，再將❺標籤黏貼在上蓋及盒身上。塗裝（生褐色／參照P.26）後即完成。

✱ 「中」的裝飾法

中 ⑲ 小b

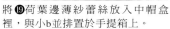

將⑲荷葉邊薄紗蕾絲放入中帽盒裡，與小b並排置於手提箱上。

✱ 「小a」與大的裝飾法

❶ 小a
大

小a與大帽盒疊放，先以❶緞帶綁十字綑書結固定，再繫上蝴蝶結裝飾。

✱ 小c（印花）的裝飾法・薔薇花束

✱ **紙藤帶的裁剪片數 (薔薇 18 枝份分)**
①薔薇　櫻花／取1股　10 cm × 10 片
②花莖　萌黃／取1股　2 cm × 18 片
③蝴蝶結　白色／取1股　13 cm × 1 片

✱ **副材料**
❶仿舊外文書　❹薄葉紙（薔薇花束用）

1

背面　　正面　　蝴蝶結

❶

小c（印花）的裝飾，是使用①薔薇・②花莖（作法同P.44-16），製作4・5枝的薔薇花束4組（薔薇18枝），收整成圓頂狀後以白膠固定。將③蝴蝶結展開成紙片（參照P.28），裁成寬0.5cm後，作成蝴蝶結。將撕碎的❶仿舊外文書、❹薄葉紙鋪設盒底，襯托花束。

✱ 蕾絲繞線板

✱ **紙藤帶的裁剪片數**
①本體　乳白／取12股　2cm × 2 片
②本體　白色／取12股　2cm × 1 片

✱ **副材料**
❾寬 0.5 cm的蕾絲（蕾絲繞線板用）
❿寬 0.5 cm的蕾絲（蕾絲繞線板用）
⓫寬 0.3 cm的蕾絲（蕾絲繞線板用）

1

② ❿ ② ⓫
❾
①

①・②本體修整邊角後，分別纏繞❾～⓫蕾絲，以白膠固定。塗裝（生褐色／參照P.26）後即完成。

✱ 桌子

✱ **紙藤帶的裁剪片數 （白色）**
①桌面　　　取 12 股　110cm × 1 片
②桌面邊條　取 3 股　34cm × 1 片
③桌腳　　　取 5 股　6.5cm × 20 片
④立水結構　取 10 股　8cm × 6 片
⑤立水結構　取 10 股　4.5cm × 6 片

✱ **副材料**
厚紙板（1mm）
⑱寬 3.5 cm的蕾絲（桌子用）

1

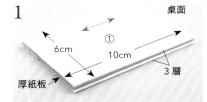

桌面
①
6cm
10cm
3 層
厚紙板

厚紙板裁剪成6cm×10cm，一邊裁剪①桌面，一邊無間隙地以白膠平行黏貼於厚紙板的兩面。

2

桌面
②

在轉角處裁斷②桌面邊條，黏貼包覆邊緣1圈。

3

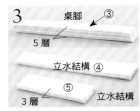

桌腳 ③
5 層
立水結構 ④
3 層 ⑤ 立水結構

③桌腳疊合黏貼成5層，製作4組。④・⑤立水結構每3片疊合黏貼成3層，各製作2組。

4

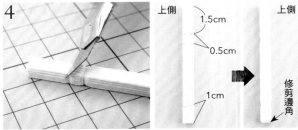

上側
1.5cm
0.5cm
上側
1cm
修剪邊角

分別在4組桌腳的上端1.5cm、0.5cm處，下端1cm處作記號，如圖示以美工刀在記號處兩側斜切0.1cm。稍微修剪桌腳下緣邊角，修整成圓形。

6

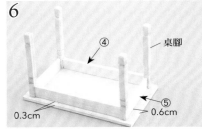

④ 桌腳
0.3cm ⑤ 0.6cm

立水結構分別對齊桌腳中央的第3股，如圖示組合於桌面左右側的0.6cm處，與前後側的0.3cm處，黏貼固定。

7

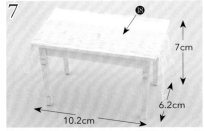

⑱
7cm
6.2cm
10.2cm

塗裝（生褐色／參照P.26）後即完成。鋪上⑱寬3.5cm的蕾絲裝飾。

❀ 迷你抽屜櫃

＊紙藤帶的裁剪片數

①本體　　　　豆沙粉膚色／取 10 股　4 cm × 8 片
②前·背板　豆沙粉膚色／取 12 股　4.4 cm × 6 片
③抽屜　　　豆沙粉膚色／取 12 股　1.2 cm × 9 片
④把手　　　煤灰　　　／取 12 股　　5 cm × 1 片

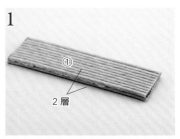

1

2片①本體黏貼成2層，製作4組。

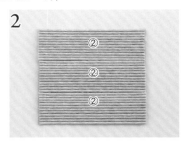

2

將 3 片②前·背板接合黏貼（參照 P.28），製作2組。

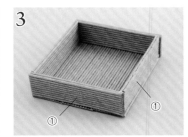

3

步驟 1 的4組接合成四角形，黏貼於步驟 2 的1組上。

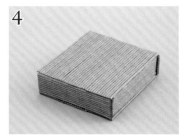

4

將另1組黏貼在步驟3的上方。

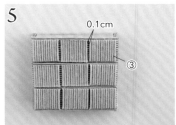

5

0.1cm

③

以0.1cm的間隔將③抽屜黏貼在正面。

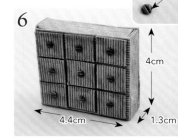

6

④

4cm

4.4cm　　1.3cm

使用孔徑3mm的打孔機裁出9個④把手，黏貼在抽屜中央。塗裝（白色·生褐色／參照P.26）後即完成。

❀ 長筒靴

＊紙藤帶的裁剪片數（白色／單腳份）

①鞋底　取 9 股　　2cm × 4 片
②鞋頭　取 12 股　4.4cm × 2 片
③鞋筒　取 12 股　3.5cm × 2 片
④鞋筒　取 7 股　　3.5cm × 4 片
⑤鞋跟　取 8 股　0.6cm × 4 片
⑥鞋帶　取 1 股　　1cm × 20 片

＊副材料
❼薄紗蕾絲（長筒靴用）

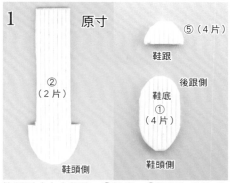

1

原寸

⑤（4片）
鞋跟

②（2片）

後跟側
鞋底
①（4片）

鞋頭側

鞋頭側

比照原寸大小裁剪。①鞋底·⑤鞋跟為疊放2片進行裁剪。各製作2組。

2

使用圓嘴鉗作出鞋頭邊緣的弧度，鞋舌往上彎摺。

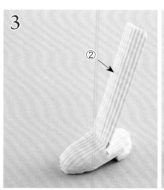

3

②

後跟側

在鞋底的後跟側黏貼鞋跟，鞋頭側則是放上②的鞋頭部分，以白膠黏貼固定。

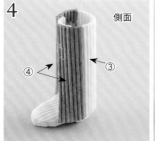

4

側面

正面

④　③

在1片③鞋筒的兩側各貼合1片④鞋筒。③鞋筒的正中央作記號，對齊⑤鞋跟的中央，宛如包夾鞋底般黏貼固定，使用圓嘴鉗將鞋筒前端下緣作出弧度。

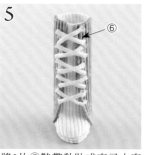

5

⑥

將2片⑥鞋帶黏貼成交叉十字狀，製作5組，黏貼在鞋筒上。

6

3.8cm

2.3cm　　2.2cm

同步驟 1～5 的要領，製作2個（單腳）。加上❼薄紗蕾絲裝飾，塗裝（生褐色／參照P.26）後即完成。

❀ 衣架・懸掛禮服

＊紙藤帶的裁剪片數（豆沙粉膚色／1 支份）
①本體　取2股　4cm×3片
②掛鉤　取2股　2cm×2片
＊副材料 ❹薄葉紙（禮服用）
⓭寬1cm的絲帶（禮服用）
⓴蕾絲（禮服用）

1

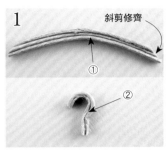

斜剪修齊

① ②

①本體黏貼成3層，作出弧度後，將邊端斜裁整齊。②掛鉤黏貼成2層，以圓嘴鉗作出弧度後，將邊端修齊。

2

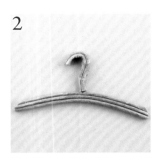

於本體中央黏貼掛鉤。衣架完成。製作2個。

3

❹

⓴

❹薄葉紙與⓴蕾絲疊放，掛在1個衣架上，往內側摺疊塑形。

4

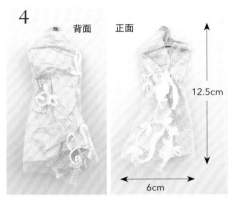

背面　　正面

12.5cm

6cm

收束製作腰身處，並以白膠固定，繫上⓭寬1cm的絲帶。完成。

❀ 洋傘

＊紙藤帶的裁剪片數
①傘柄　豆沙粉膚色／取　2股　　8cm×2片
②傘頂　豆沙粉膚色／取　1股　　1cm×1片
③傘面　乳白　　　　／取12股　5.5cm×5片
＊副材料
⓯寬0.5cm的蕾絲（洋傘用）
㉑寬2cm的荷葉邊蕾絲（洋傘用）

1

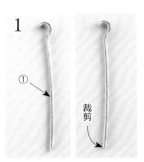

①

裁剪

①傘柄黏貼成2層，一端以圓嘴鉗繞圓後，裁剪修齊。

2

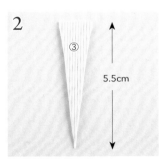

③

5.5cm

5片③傘面裁剪成等腰三角形。製作5組。

3

將③縱向對摺。

4

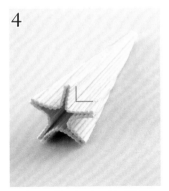

將步驟3的5組傘面如圖示黏貼。中央處撐開不黏貼。

5

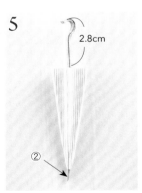

2.8cm

②

在步驟1的傘柄底端塗抹白膠，插入步驟4的中央黏貼固定。接著黏貼0.5cm的②傘頂。

6

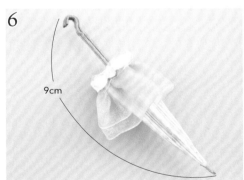

9cm

先在洋傘上緣黏貼1圈㉑荷葉邊蕾絲，再貼上⓯蕾絲。塗裝（生褐色・金屬金色／參照P.26）後即完成。

❋ 全身鏡

＊紙藤帶的裁剪片數（白色）

①本體　取 12 股　　17 cm × 4 片
②本體　取 4 股　　17 cm × 2 片
③鏡邊　取 3 股　　42 cm × 1 片
④鏡框　取 5 股　　17 cm × 2 片
⑤鏡框　取 5 股　　3.3 cm × 2 片
⑥鏡框　取 4 股　　16.8 cm × 2 片
⑦鏡框　取 4 股　　3.1 cm × 2 片
⑧立架　取 4 股　　9 cm × 6 片
⑨立架　取 4 股　　2.5 cm × 6 片
⑩立架　取 4 股　　2 cm × 9 片
⑪鉸鏈　取 12 股　2.5 cm × 1 片

＊副材料 鏡面板
❼薄紗蕾絲（全身鏡用）

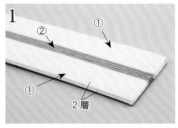

1
①・②本體同方向黏貼成2層（參照P.29）。

2
鏡面板裁剪成17 cm × 3.3 cm，黏貼在步驟1上。

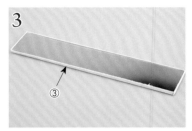

3
一邊在轉角處裁斷③鏡邊，一邊包覆截面黏貼1圈。

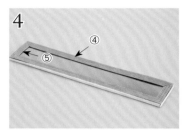

4
④・⑤鏡框以倒角框作法（參照P.26）黏貼。

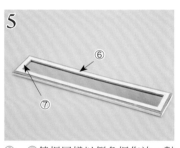

5
⑥・⑦鏡框同樣以倒角框作法，對齊步驟4的內側黏貼固定。

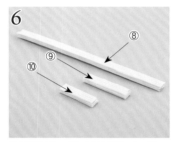

6
分別將⑧～⑩立架黏貼成3層，⑧・⑨各製作2組，⑩製作3組。

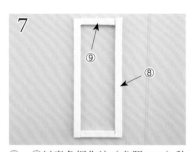

7
⑧・⑨以直角框作法（參照P.26）黏貼。

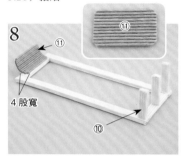

8
⑩貼齊步驟7下緣兩端與中央，黏貼固定。修剪⑪鉸鏈的邊角，注意別讓紙藤裂開的縱向對摺，黏貼4股寬。

9
將⑩的邊端對齊本體背面下緣，黏貼固定。步驟8另一半的⑪同樣貼合背面。

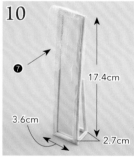

10
17.4cm
3.6cm
2.7cm

塗裝（生褐色／參照P.26）後即完成。披上❼薄紗蕾絲裝飾。

❋ 飾框 A・B

＊紙藤帶的裁剪片數（金色）

①框 A　取 3 股　4.5 cm × 4 片
②框 A　取 3 股　3.5 cm × 4 片
③框 B　取 3 股　3.6 cm × 2 片
④框 B　取 3 股　2.7 cm × 2 片

＊副材料
❶仿舊外文書
⓬寬 0.5 cm的蕾絲（飾框用）

飾框 A　　飾框 B

1
分別將①・②框 A、③・④框 B各2片，以倒角框作法（參照P.26）黏貼。A製作2組。

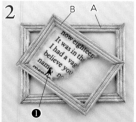

2
飾框B是將❶仿舊外文書撕碎後黏貼上去，與1個飾框A布置於「桌子」上。另1個飾框A則加上⓬寬0.5cm的蕾絲，掛在「內牆壁飾」的掛鉤上。

＊紙藤帶的裁剪片數
①本體 A　豆沙粉膚色／取 12 股　2.5 cm × 2 片
②本體 B　乳白　　　／取 12 股　2.5 cm × 2 片
③本體 B　乳白　　　／取 6 股　2.5 cm × 2 片
④提把　白色　　　　　　　　　　／取 1 股　4 cm × 2 片
⑤鈕釦　A 豆沙粉膚色　B 乳白／取 12 股　5 cm × 1 片

＊副材料
㉒寬 0.3 ㎝的蕾絲（迷你提包用）

1
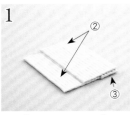
2 片②本體 B 與 1 片③本體
B，同方向黏貼成 2 層（參
照 P.29）。

2

在黏貼下 1 片③之前，先黏
貼 1 片④提把。

3

以③包夾提把，黏貼固定。

4
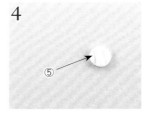
使用孔徑 3mm 的打孔機裁出 1
顆⑤鈕釦。

5
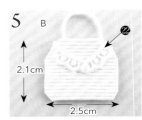
袋底兩側斜剪 0.5 cm，黏貼
㉒蕾絲與步驟 4 的鈕釦之
後，如圖示修剪形狀，提包
B 完成。

6
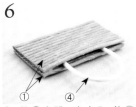
在 2 片①本體 A 中夾入 1 片④
之後，黏貼成 2 層。

7

使用孔徑 3mm 的打孔機裁出 1
顆⑤鈕釦。

8
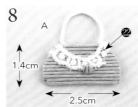
A
1.4cm
2.5cm
提包上側如圖示修剪，黏
貼㉒蕾絲及鈕釦，提包 A
完成。

❀ 蕾絲飾框 a・b

＊紙藤帶的裁剪片數
①本體 a　淡青色／取 12 股　4 cm × 2 片
②框 a　白色／取 3 股　4 cm × 2 片
③框 a　白色／取 3 股　2.8 cm × 2 片
④本體 b　白鼠色／取 12 股　5 cm × 3 片
⑤框 b　白色／取 4 股　5 cm × 2 片
⑥框 b　白色／取 4 股　4.1 cm × 2 片

＊副材料 透明 PP 板（3.8 cm × 2.8 cm、4.8 cm × 3.9 cm）
⑯蕾絲貼飾（蕾絲飾框用）
⑰寬 3 ㎝的蕾絲（蕾絲飾框用）

1
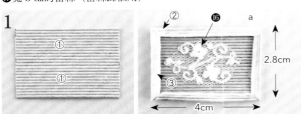
a
2.8cm
4cm
2 片①本體 a 貼合。②・③框 a 各 2 片以倒角框作法（參照 P.26）黏
貼，裁剪透明 PP 板黏貼在背面。在本體上黏貼⑯蕾絲貼飾，再
與飾框貼合。塗裝（生褐色／參照 P.26）後即完成。

2
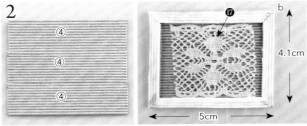
b
4.1cm
5cm
同步驟 1 的要領貼合 3 片④本體 b。⑤・⑥框 b 各 2 片以倒角框作
法（參照 P.26）黏貼，夾入透明 PP 板與蕾絲後黏貼固定。塗裝
（生褐色／參照 P.26）後即完成。

❀ 裝飾方法

1

內牆
⑥
22.5cm
迷你提包
10.2cm
手提箱
14.2cm
將⑥雪紡布掛在牆壁上，再適當布置各部件作為裝飾，完成。

＊**材料**　蛙屋紙藤帶（50m／卷、10m／卷：各 1 卷）

50m／卷：牛皮紙色	萌黃	肉桂
10m／卷：乳白	綠色	紫陽花
月白色	黑色	白銀
白色	黑鼠色	豆沙粉膚色
黑糖蜜	鴬綠	
可可亞	長崎蛋糕	

＊**副材料**
厚 2 ㎜的厚紙板（A4 尺寸）1 片
半透明 PP 板（A5 尺寸）1 片
壓克力顏料
（白色、生褐色、金屬金色）
＊**工具**　參照 P.25
＊**完成尺寸**　參照最終步驟圖

＊**其他材料**

❶濾紙（無漂白）
❷印花紙（書本用＝ 2cm × 3cm）
❸寬 0.5cm 的蕾絲
　（人形模特架用＝ 10cm）（外牆用＝ 5cm）
❹薄紗蕾絲（外牆用＝ 2cm × 7cm）
❺薄葉紙（燈泡用＝ 5cm × 5cm）
　（人形模特用＝ 7.5cm × 15cm）
　（外牆用＝少量）
❻便條紙（書本用＝ 2cm × 3cm）10 片
❼仿舊外文書
❽寬 1cm 的絲帶（人形模特用＝ 10cm）
❾苔蘚

作法
（為了更易於理解，在此將改換紙繩配色進行示範）

❀ 內牆・外牆・地面・鐵藝屏風

＊**紙藤帶的裁剪片數**

①內牆	乳白 ／取 12 股	220 cm × 1 片
②外牆	月白色／取 12 股	220 cm × 1 片
③窗緣	白色 ／取 3 股	32 cm × 1 片
④窗框	白色 ／取 4 股	32 cm × 2 片
⑤窗櫺	白色 ／取 3 股	45 cm × 1 片
⑥牆壁邊條	月白色／取 4 股	60 cm × 1 片
⑦地面	黑糖蜜／取 12 股	370 cm × 1 片
⑧地板邊條	黑糖蜜／取 7 股	55 cm × 1 片
⑨外地板	黑糖蜜／取 12 股	14 cm × 3 片
⑩外地板	黑糖蜜／取 1 股	14 cm × 1 片
⑪內地板	可可亞／取 9 股	14 cm × 2 片
⑫內地板	可可亞／取 9 股	7 cm × 4 片
⑬內地板	可可亞／取 1 股	14 cm × 1 片
⑭鐵框	白色 ／取 4 股	18 cm × 6 片
⑮鐵框	白色 ／取 4 股	2.2 cm × 9 片
⑯鐵窗花	白色 ／取 4 股	6 cm × 10 片

＊**副材料**
厚紙板（2mm）
半透明 PP 板

1

（圖：厚紙板 14cm × 21cm，窗戶 9cm／4cm／6cm，外牆，半透明 PP 板）

厚紙板裁剪成 14㎝ × 21㎝。如圖示裁出窗戶，再將半透明 PP 板裁成 7㎝ × 10㎝，黏貼在窗戶的外牆側（參照 P.27）。

2

外牆　　內牆
②　　①

分別裁剪①內牆・②外牆，皆以水平方向無間隙地黏貼。

3

外牆　　內牆
④⑤③

一邊裁剪一邊在內牆側黏貼 1 圈③窗緣（參照 P.26）。裁剪④窗框，以倒角框作法（參照 P.26）黏貼在內・外牆的窗戶邊緣。窗戶中央垂直黏貼 1 片⑤窗櫺，接著在兩側一邊裁剪，一邊等間隔嵌入 4 片窗櫺。

4

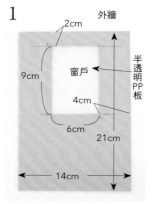

⑥

在轉角處裁斷⑥牆壁邊條，除下緣外，包覆黏貼 3 邊截面。

5

地面
⑦
10cm
14cm
厚紙板　　5 層

裁剪 2 片 14㎝ × 10㎝的厚紙板，參照 P.27-地板的基底作法「5 層的基底」，一邊裁剪⑦地面一邊黏。

6

⑧

在轉角處裁斷⑧地板邊條，包覆黏貼 1 圈。

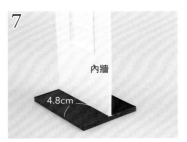

7

内牆

4.8cm

距離地面前緣4.8cm處,將內牆面朝前側黏貼固定。

8

外牆

不到2股寬

⑨
⑨
⑩
⑨

黏貼⑨・⑩外地板,沿外牆邊緣以3片⑨、1片⑩的順序,一邊間隔不到2股寬的空隙黏貼。

9

內牆

1股寬

⑫ ⑪ ⑫
⑬ ⑪
⑫ ⑫

黏貼⑪至⑬內地板,沿內牆邊緣以1片⑪・2片⑫的順序,一邊間隔1股寬一邊交錯黏貼,最後貼上⑬。

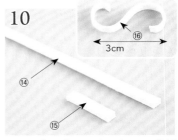

10

⑯
3cm

⑭
⑮

分別將⑭・⑮鐵框黏貼成3層,⑭製作2組,⑮製作3組。⑯鐵窗花的兩端以圓嘴鉗繞圓,製作成S形。共製作10組。

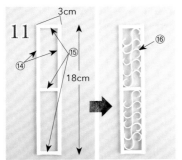

11

3cm

⑭ ⑮
18cm

⑯

在⑭之間等間隔黏貼3組⑮。如圖示在鐵框之間分別嵌入5個⑯,黏貼固定。

12

鐵藝屏風

內牆

將鐵藝屏風黏貼固定在內牆左側及地面。

❋ 牆壁上色法&部件固定方法

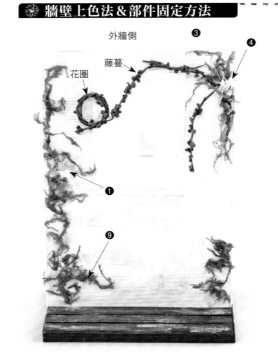

外牆側　❸　❹

花圈
藤蔓

❶

❾

在外牆及所有地板進行塗裝(生褐色/參照P.26)。將❺薄葉紙(外牆用)撕成6小片貼在牆壁上,在紙面加上較濃的塗裝,模糊邊線(白色/參照P.26)。黏貼❾苔蘚,以❹薄紗蕾絲、❸寬0.5cm的蕾絲(外牆用)裝飾右上角,在適當的位置黏貼藤蔓與花圈。

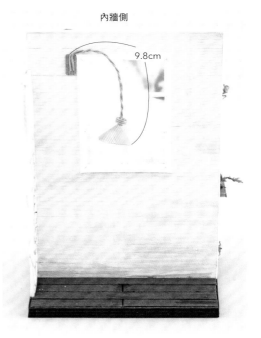

內牆側

9.8cm

在內牆及所有地板進行塗裝(生褐色/參照P.26)。在窗戶左側,以白膠固定吊燈底板。

❋ 吊燈

＊紙藤帶的裁剪片數

①燈罩	長崎蛋糕/取12股	4cm×3片
②燈座	牛皮紙色/取　3股	5cm×1片
③吊線	牛皮紙色/取2股	10cm×1片
④壁板	牛皮紙色/取7股	1.5cm×1片

＊副材料　❺薄葉紙(燈泡用)

❺
1cm

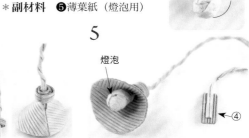

燈泡
❺
④

1

1.8cm
120°

①

將3片①燈罩對齊貼合(參照P.28),裁剪成直徑3.6cm的圓,再剪掉120度角的扇形。

2

將裁剪角的截面對齊貼合。

3

③
②

②燈座以圓嘴鉗捲繞黏合固定。③吊線預留0.5cm,其餘分割成1股後,緊密扭轉成麻花狀。

4

步驟3預留的吊線端塗抹白膠後,插入燈座中。剪去多餘部分之後,與步驟2的燈罩黏貼固定。

5

❺薄葉紙塗抹白膠後揉成胖水滴型,黏貼於燈罩內側。修剪④壁板邊角,貼上吊線邊端。

✿ 線軸＆剪刀

＊紙藤帶的裁剪片數（1個份）

①線盤　白銀／取12股　1.5 cm × 2片
②軸芯　牛皮紙色／取12股　1 cm × 1片
③剪刀　可可亞／取 2股　3 cm × 1片

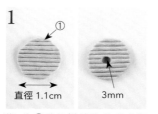

1

將2片①線盤拼接後裁成直徑1.1cm的圓，在中心處以孔徑3mm的打孔機開孔。

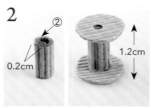

2

②軸芯重疊0.2cm黏貼成圓柱狀，兩端對齊①的孔洞黏貼固定。製作2個。

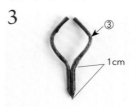

3

③剪刀的一端剪成山形，保留1cm，其餘分割成1股。

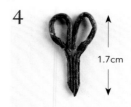

4

將另一端往內側繞出手柄部分後，以白膠黏貼固定。

5

將剪刀刀尖插進步驟2的孔洞裡固定。塗裝（生褐色／參照P.26）後即完成。

✿ 花盆

＊紙藤帶的裁剪片數

①花盆A　肉桂／取10股　30 cm × 1片
②裝飾　肉桂／取 2股　10 cm × 1片
③花盆B　肉桂／取 4股　11.5 cm × 2片
④葉子　萌黃／取 2股　4 cm × 7片
⑤葉子　萌黃／取 2股　2 cm × 6片
⑥花莖　萌黃／取 1股　2 cm × 10片
⑦花朵　白色／取12股　5 cm × 1片
⑧花朵　紫陽花／取12股　5 cm × 1片
⑨土壤　可可亞／取12股　5 cm × 1片

1

使用圓嘴鉗將①花盆A捲繞成同心圓，止捲處以白膠黏貼。以橡皮筋固定後，將中央往上推出花盆形狀。

2

於內側塗抹白膠，固定形狀。

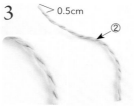

3

②裝飾的繩端預留0.5cm，其餘分割成1股後，緊密扭轉成麻花狀。

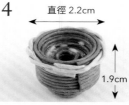

4

於步驟3塗抹白膠，纏繞黏貼步驟2的邊緣1圈。

5

④・⑤葉子修剪一端的邊角後，彎曲塑形。

6

⑦・⑧花朵、⑨土壤，分割成1股寬之後，裁剪成細碎狀。

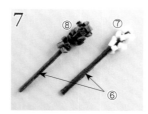

7

將1股寬的⑥花莖縱向剪開一半，塗抹白膠後沾黏步驟6的花朵。

8

製作4枝步驟7的⑧花朵，在步驟4的花盆內側厚塗白膠，將花朵及步驟5的6片葉子綁成束後插入。再黏貼步驟6的土壤，花盆A完成。

9

同步驟1的要領製作2個③花盆B。

10

同步驟7・8的要領，分別在花盆B裡裝飾⑦・⑧花朵各3枝，和3・4片葉子，再黏貼⑨土壤，花盆B完成。

✿ 書本

＊紙藤帶的裁剪片數（白銀）

①書封　取12股　2 cm × 2片
②書背　取 5股　2 cm × 1片

＊副材料

❷印花紙（書本用）
❻便條紙（書本用）

1

❻便條紙疊放，以釘書機固定中央後對摺。

2

分別在②書背兩側接合黏貼①書封，再依序重疊黏貼步驟1的便條紙與❷印花紙。

3

闔上書本，將多餘的紙張修剪整齊。

4

塗裝（生褐色／參照P.26）後即完成。

❀ 人形模特架

＊紙藤帶的裁剪片數（牛皮紙色）

①上軸	取2股	18 cm × 1 片
②下軸	取2股	22 cm × 1 片
③本體軸	取2股	24 cm × 4 片
④頸部	取4股	2.5 cm × 1 片
⑤中心軸	取3股	15 cm × 3 片
⑥底座	取3股	3 cm × 3 片
⑦底座	取3股	1.4 cm × 6 片

＊副材料

❶濾紙（無漂白）
❸寬 0.5 cm的蕾絲（人形模特用）
❺薄葉紙（人形模特用）　❼仿舊外文書
❽寬 1 cm的絲帶（人形模特用）　❾苔蘚

1
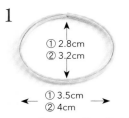
分別將①上軸、②下軸貼合成2層的圓圈，再壓成橢圓形。

2
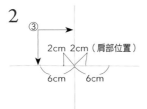
將2條③本體軸的中央黏貼成十字形，製作2組後，在其中1組上方的③左右兩側2cm、6cm處作記號。

3

將步驟2作記號的③置於最上方，2組呈放射狀黏貼固定。

4
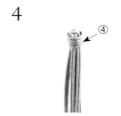
④頸部重疊0.3cm黏貼成圈，以圓嘴鉗夾住步驟3的中央後，穿入圈中固定。

5
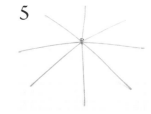
由頸部邊緣往外彎摺，呈放射狀展開。

6

將先前的肩部記號處往下彎摺。

7
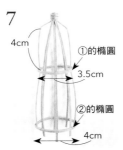
將步驟6穿入步驟1的橢圓內，在距離肩部4cm處黏貼①的橢圓，在③的底端黏貼②的橢圓。

8
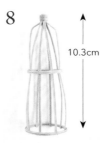
其餘6條③作出立體的弧度後，等間隔黏貼固定在2個橢圓上，再沿②的圓圈邊緣剪去多餘部分。

9
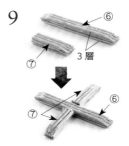
⑥・⑦底座每3片疊合黏貼成3層，⑥製作1組，⑦製作2組。如圖示以美工刀斜削⑥的兩端、⑦的一端。將⑦對齊⑥的中央，黏貼固定。

10

⑤中心軸疊合黏貼成3層，固定在步驟9的中央。將頂端裁成山形，插入頸部內側黏貼固定。人台底座完成的模樣。

11
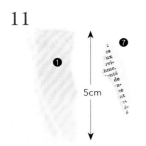
將❶濾紙與❼仿舊外文書撕成縱長形，各7至8片。

12

在①的橢圓下緣黏貼步驟11的紙片，隱藏人台底座。

13
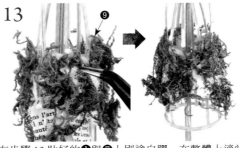
在步驟12貼好的❶與❼上刷塗白膠，在整體上適當黏貼❾苔蘚。

14
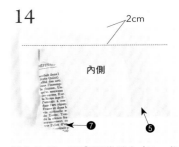
製作披肩。將❺薄葉紙上方2cm往外摺疊。撕成小片的❼仿舊外文書僅上方黏貼在❺的左側。

15

如圖示以步驟14摺疊好的披肩，包裹步驟13，前襟處沿著人形模特的形狀斜斜的重疊，以白膠黏貼固定。

16
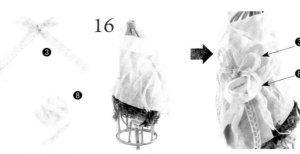
❸寬0.5cm的蕾絲與❽寬1cm的絲帶分別繫成蝴蝶結之後，黏貼在❺薄葉紙的重疊處。

17
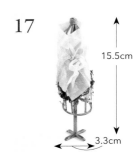
塗裝（生褐色／參照P.26）後即完成。

❀ 縫紉機桌台

1
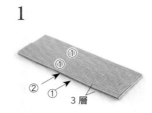

將①・②桌板交錯疊合，黏貼成3層（參照P.29）。

2

在轉角處裁斷③桌板邊條，包覆黏貼邊緣1圈。

3
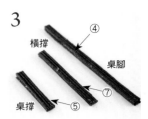

④桌腳、⑤桌撐、⑦橫撐，每3片黏貼成3層。④・⑦製作4組，⑤製作2組。

4
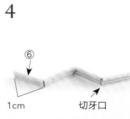

使用美工刀在⑥鏤空裝飾上，以1cm的間隔劃出淺淺的牙口（參照P.28），再彎摺成W形。製作12組。

5
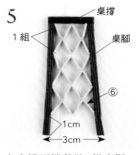

在桌撐兩端黏貼2根桌腳，再將步驟4彎摺的2片W上下顛倒貼合，連續嵌入黏貼3組。步驟5製作2組。

6

⑧下帶輪黏貼成2層的圓圈。

7

將1條⑨輪軸水平置於步驟6的中央，黏貼在⑧上，其餘2條呈放射狀疊放貼上。

8

如圖示裁剪第1條兩側多餘的部分。

9
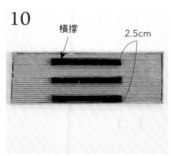

將步驟8翻至背面，以⑨的頂端對齊步驟5的桌腳上緣，黏貼於中央。

10

步驟3的3根橫撐置於桌板中央，在2.5cm寬之中，等間隔黏貼固定。

11
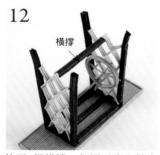

2組步驟9貼齊橫撐的邊端，黏貼固定。

12
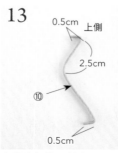

餘下1根橫撐，如圖示嵌入鏤空裝飾之間，黏貼固定。

13

在⑩支架的兩端摺彎0.5cm作為塗膠處，接著在2.5cm處如圖示彎摺。製作2組。

14

步驟13的支架上側0.5cm塗膠處，黏貼至桌板下方中央的橫撐上，下側則貼在步驟12的橫撐上。

15

同步驟14的作法，黏貼第2個⑩支架。

16

修剪⑪銘牌的邊角。

86

17

將步驟16的銘牌黏貼於⑩的2.5cm摺彎處。

18

將5片⑬踏板等間隔的黏貼在2片⑫踏板上。

19

踏板

將步驟18的踏板黏貼在步驟12的橫撐中央。

20

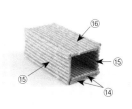

將2片⑭抽屜外底板黏貼成2層，再接合2片⑮抽屜外側板、1片⑯抽屜外頂板，製作成筒狀。

21

在一端黏貼⑰抽屜外後板。

22

背面　　　正面

在1片⑱抽屜內底板上，黏貼⑲‧⑳抽屜內側板各2片。

23

將1片㉑抽屜面板黏貼在⑳上。※將抽屜放進外箱裡面，且對齊底板後黏貼固定。

24

使用孔徑3mm的打孔機裁出2個㉒把手

25

將1個㉒把手黏貼在㉑的中央。

26

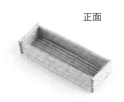

同步驟20～25的作法，製作2組抽屜。

27

將抽屜外箱對齊桌板前緣並緊貼桌腳，黏貼固定。

28

8.7cm

7cm

3.5cm

將抽屜放入抽屜外箱中，縫紉機桌台完成。

❋ 縫紉機

＊紙藤帶的裁剪片數 (黑色)

①機體	取 12 股	3 cm × 3 片
②機體	取 6 股	3 cm × 3 片
③車針	取 2 股	0.2 cm × 1 片
④線輪柱	取 2 股	0.3 cm × 1 片
⑤底座	取 12 股	3 cm × 1 片
⑥手輪	取 2 股	4.5 cm × 1 片
⑦手輪	取 1 股	1.5 cm × 3 片

＊副材料

❾苔蘚

1　　　原寸

3層

①‧②機體各1片，同方向黏貼成3層（參照P.29），比照原寸大小進行裁剪。

2

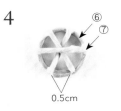

斜剪

③車針、④線輪柱以白膠黏貼在步驟1上。

3

修剪⑤底座邊角，將步驟2黏貼在底座2/3深的位置上。

4

0.5cm

⑥手輪重疊0.5cm塗膠處，黏接成圈，再放射狀黏貼⑦手輪。

5

將手輪黏貼在步驟3上。

6

2.3cm

3.4cm

1.4cm

縫紉機以金屬金色、縫紉機桌台以生褐色進行塗裝（參照P.26）。在縫紉機、抽屜中黏貼❾苔蘚，放上縫紉機後即完成。

❀ 書桌

＊紙藤帶的裁剪片數

①桌面	白色／取 12 股	8 cm × 4 片
②桌面	白色／取 12 股	21 cm × 1 片
③桌面邊條	白色／取 3 股	25 cm × 1 片
④桌腳	白色／取 4 股	6.5 cm × 12 片
⑤側板	白色／取 12 股	6 cm × 6 片
⑥側板	白色／取 12 股	2 cm × 6 片
⑦底板	白色／取 12 股	6 cm × 2 片
⑧抽屜	白色 ／取 9 股	5.6cm × 1 片
⑨把手	黑鼠色／取 6 股	1cm × 1 片

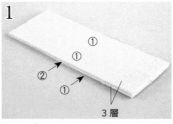

1 將2片①桌面接合黏貼，一邊裁剪②桌面一邊以水平方向緊密黏貼，再貼上餘下的2片①作成3層（參照P.29-「交錯黏貼」）。

2 轉角處裁斷③桌面邊條，一邊包覆黏貼邊緣1圈。

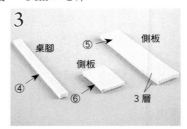

3 ④桌腳、⑤·⑥側板每3片疊合黏貼成3層，④製作4組、⑤·⑥各製作2組。

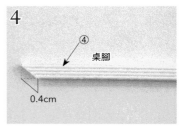

4 4組桌腳的0.4cm處如圖示斜裁。

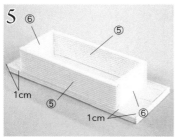

5 分別在2組⑤側板的左右端之間嵌入⑥側板，黏貼固定。如圖示固定於步驟2桌面背面的左右各1cm處。

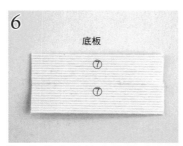

6 將2片⑦底板接合黏貼（參照P.28）。

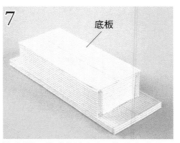

7 將步驟6的底板如圖示黏貼在步驟5上。

8 桌腳的斜裁面朝內側兩兩相對，黏貼於⑥側板邊緣。

9 於正面的側板中央貼上⑧抽屜，使用孔徑4mm的打孔機裁出2個⑨把手，黏貼成2層後，固定於抽屜中央。

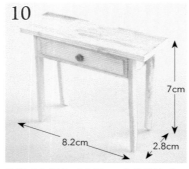

10 塗裝（生褐色／參照P.26）後即完成。

❀ 花圈·藤蔓

＊紙藤帶的裁剪片數

①花圈	可可亞 ／取 1 股	30 cm × 1 片
②葉子	萌黃·綠色／取 12 股	10 cm ×各 1 片
③藤蔓	可可亞 ／取 1 股	13 cm × 1 片

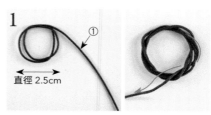

①花圈在食指上纏繞2圈，製作直徑2.5cm的圓圈，取下後，再將餘下的紙藤全部纏繞上去。

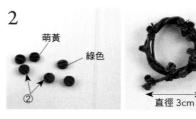

使用孔徑3mm的打孔機裁出②葉子，適當地黏貼在花圈上（大約10～12個左右），花圈完成。

❀ 椅子

＊紙藤帶的裁剪片數（鶯綠）

①椅面	取 12 股	3 cm × 2 片
②椅面	取 12 股	2.7 cm × 2 片
③椅面	取 2 股	2.7 cm × 1 片
④椅面邊條	取 2 股	12 cm × 1 片
⑤椅腳	取 3 股	9 cm × 6 片
⑥椅腳	取 3 股	3.5 cm × 6 片
⑦椅腳橫檔	取 3 股	2 cm × 24 片
⑧椅背	取 6 股	2 cm × 6 片

1 參照P.94-11椅子的步驟1～8，依相同作法製作。

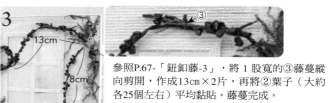

3 參照P.67-「鈕釦藤-3」，將1股寬的③藤蔓縱向剪開，作成13cm×2片，再將②葉子（大約各25個左右）平均黏貼。藤蔓完成。

✿ 提籃

*紙藤帶的裁剪片數
（豆沙粉膚色）
①軸繩　　取4股　15 cm×2片
②編織繩　取1股　180 cm×1片
*副材料
❾苔蘚

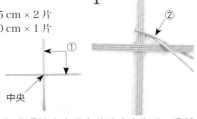

1
將2條①的中央疊合黏貼成十字形，②編織繩對摺，掛在正上方的軸繩上，進行右旋編織（參照P.30）。

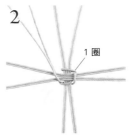

2
以右旋編織1圈，編織繩暫休織，將①軸繩分割成一半的2股寬，直到編目處為止。

3
以右旋編織至3圈之後，翻至背面，將①軸繩沿編目向上立起。

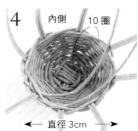

4
繼續編織至10圈為止，收編處則是分別將②編織繩穿入編目中。

5
於整體噴灑水霧，收緊編目。

6
保留2條相對位置的軸繩剪成5 cm，其餘6條預留0.1 cm後剪斷。

7
將步驟6的1條軸繩，穿入對面軸繩內側的編目中，黏貼固定。

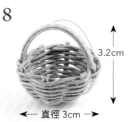

8
步驟6的另1條，同樣穿入對面軸繩內側的編目中，黏貼固定。提籃完成。

9
於提籃內側塗抹白膠，放入❾苔蘚，完成。

✿ 裝飾方法

內牆側，將書桌置於窗戶下方，放上花盆B、書本、椅子裝飾即完成。

外牆側，將縫紉機置於縫紉機桌台上，再放上花盆A、線軸與剪刀裝飾，將人形模特架立於右側，提籃放在地板上即完成。

⑨～⑯ 使用椅子、A字梯打造袖珍花園

＊花園＆椅子的材料　蛙屋紙藤帶（10m／卷：各1卷）

花園通用：可可摩卡	11：鶯綠	13：勿忘草	15：螢火蟲	16：紅色
9：小梅	薄荷綠	亞麻色	亞麻色	萌黃
櫻花	亞麻色	薰衣草	煤灰	螢火蟲
玉露	小雞	紫羅蘭	白色	小雞
10：煤灰	白色	14：紫羅蘭	白銀	豆沙粉膚色
山葡萄	12：雨蛙色	亞麻色	萌黃	石榴
玉露				日本茶

＊副材料
厚2mm的厚紙板（A4尺寸）1片
壓克力顏料（白色、生褐色）
便條紙（標籤型＝1cm×1.5cm）2片
＊工具　參照P.25
＊完成尺寸　參照最終步驟圖

＊其他材料

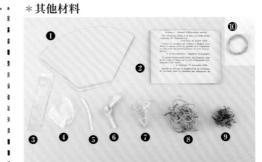

❶濾紙（無漂白）
❷仿舊外文書
❸寬2.5cm的薄紗蕾絲　20cm
❹寬5cm的歐根紗絲帶　7cm
❺寬0.5cm的蕾絲　10cm
❻寬0.5cm的蕾絲　10cm
❼永生花　長5cm 各少量（滿天星／左：粉綠色、右：白色）
❽松蘿（綠色）
❾苔蘚
❿麻線

作法
（為了更易於理解，在此將改換紙繩配色進行示範）

❀ 9至16　花園（通用）

＊紙藤帶的裁剪片數
①花園	可可摩卡／取12股	120cm×1片
②花園邊條	可可摩卡／取5股	30cm×1片
③砂礫	亞麻色　／取12股	5cm×1片
④砂礫	可可亞　／取12股	5cm×1片

＊副材料
厚紙板（2mm）
❾苔蘚

1

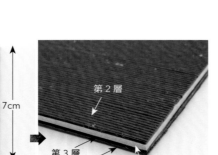

製作花園的基底。厚紙板裁剪成邊長7cm的正方形，參照P.27-地板的基底作法「4層的基底」，一邊裁剪①花園，一邊無間隙地黏貼成4層。

2

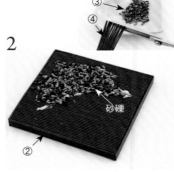

一邊裁剪②花園邊條，一邊包覆黏貼步驟1的4邊截面。③・④砂礫分割成1股寬之後，剪成大約1mm的細碎狀，將2色砂礫混合。在基底上刷塗白膠，隨意撒上砂礫，黏貼固定。

3

在步驟2的砂礫側滴上白膠，將❾苔蘚均勻地黏貼上去，花園完成。

❀ 10椅子＆紅色薔薇花束

＊紙藤帶的裁剪片數
椅子（鶯綠）
①椅面	取12股	3cm×	2片
②椅面	取12股	2.8cm×	2片
③椅面	取2股	2.8cm×	1片
④椅面邊條	取2股	13cm×	1片
⑤椅腳	取4股	3cm×	12片
⑥椅腳橫檔	取4股	2cm×	12片
⑦椅背	取3股	4cm×	6片
⑧椅背	取6股	3.5cm×	2片

花束（薔薇2枝分）
⑨花朵	山葡萄／取1股	10cm×	1片
⑩花莖	玉露　／取1股	5cm×	2片
⑪葉子	玉露　／取1股	5cm×	1片

＊副材料
❷仿舊外文書
❹寬5cm的歐根紗絲帶

1

★接 P.91

參照P.95-1・2，黏合①～③椅面，兩側如圖示斜剪2股寬的部分之後，以④椅面邊條包覆截面黏貼1圈。

90

椅子
花束
花園

❸

＊紙藤帶的裁剪片數
椅子（小梅）

①椅面	取12股	3 cm ×	2片
②椅面	取12股	2.8 cm ×	2片
③椅面	取2股	2.8 cm ×	1片
④椅面邊條	取2股	13 cm ×	1片
⑤椅腳	取3股	3 cm ×	12片
⑥椅腳橫檔	取3股	2 cm ×	12片
⑦椅背	取2股	4 cm ×	4片
⑧椅背	取5股	3.5 cm ×	2片
⑨椅背	取5股	2.5 cm ×	2片
⑩紋飾	取2股	5 cm ×	2片

花束（薔薇10枝份）

⑪花朵 櫻花／取1股	10 cm ×	4片
⑫花莖 玉露／取1股	5 cm ×	10片
⑬葉子 玉露／取1股	5 cm ×	2片

＊副材料
❷仿舊外文書
❸寬2.5 cm的薄紗蕾絲

1

參照P.95-1至3，黏合①～③椅面，再包覆黏貼④椅面邊條。

2

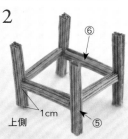

分別將⑤椅腳與⑥椅腳橫檔每3片疊放黏合，各製作4組。如圖示組合對齊後，黏貼固定。

3

將步驟2的上端與椅面背面，黏合固定。

4

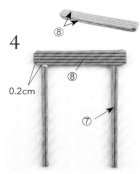

分別將⑦·⑧椅背每2片疊放黏合，修剪⑧的邊角。將2組⑦貼齊⑧下緣，黏貼固定。

5

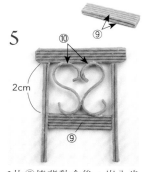

2片⑨椅背黏合後，嵌入步驟4的2組⑦之間。以⑩紋飾製作S形，如圖示對稱並排後，將所有接點黏貼固定。

6

步驟5配合步驟3的椅面寬度黏合固定，塗裝（生褐色／參照P.26）後即完成。

7

參照P.93-薔薇作法，以⑫花莖·裁開的1片⑪製作花朵。共製作10枝。

8

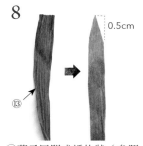

⑬葉子展開成紙片狀（參照P.28），縱向裁成3等分。將一端剪成山形。

9

離山形邊端1.5cm處，扭轉1次。

10

於步驟7的下方塗抹白膠，自花朵下0.8cm處開始纏繞，黏貼固定。製作5組。

11

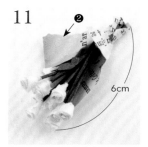

步驟7·10的薔薇各5枝綁成束，以白膠黏合花莖固定。將❷仿舊外文書撕成適當大小，包裝黏貼即完成。

★續 P.90

2

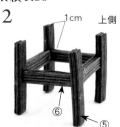

分別將⑤椅腳·⑥椅腳橫檔每3片疊放黏合，各製作4組。如圖示組合對齊後，黏貼固定。

3

將步驟2的上端與椅面背面黏合固定。

4

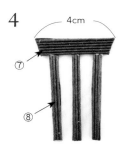

2片⑦椅背黏合後，斜剪兩側。⑧椅背每2片疊放黏合，等間隔貼齊⑦的下緣，黏貼固定。

5

將步驟4固定於椅面後緣，完成。

6

參照作品9的步驟7～10，使用⑨花朵·⑩花莖·⑪葉子製作2枝薔薇。再以撕成適當大小的❷仿舊外文書，捲繞黏貼薔薇花莖成束。最後加上❸歐根紗絲帶，黏貼固定即完成。

椅子
花圈
紅酒瓶 a
提籃
b
花圈

＊紙藤帶的裁剪片數

椅子（紅色）
① 椅面　　　取 12 股　　3 cm × 2 片
② 椅面　　　取 12 股　　2.8 cm × 2 片
③ 椅面　　　取 1 股　　　2.8 cm × 1 片
④ 椅面邊條　取 2 股　　　13 cm × 1 片
⑤ 椅腳　　　取 3 股　　　3 cm × 12 片
⑥ 椅腳橫檔　取 3 股　　　2 cm × 24 片
⑦ 椅背　　　取 2 股　　　4 cm × 8 片
⑧ 椅背　　　取 6 股　　　4 cm × 2 片

花圈
⑨ 花圈　萌黃／取 1 股　　80 cm × 1 片
⑩ 花朵　小雞／取 12 股　10 cm × 1 片

⑪ 花朵　螢火蟲／取 12 股　10 cm × 1 片

提籃（豆沙粉膚色）
⑫ 軸繩　　取 4 股　　15 cm × 2 片
⑬ 編織繩　取 1 股　　180 cm × 1 片

紅酒瓶（②＝ a 日本茶・b 石榴）
⑭ 瓶蓋　白色／取 12 股　0.5 cm × 1 片
⑮ 瓶頸　a・b／取 12 股　　1 cm × 1 片
⑯ 瓶身　a・b／取 12 股　　3 cm × 3 片
⑰ 瓶底　a・b／取 12 股　　1 cm × 1 片

＊副材料
便條紙（標籤用）
❷ 仿舊外文書
❺ 寬 0.5 cm 的蕾絲（提籃用）
❽ 松蘿　❾ 苔蘚

1

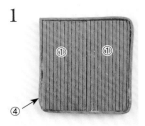

參照 P.95-1 至 3，黏合①～③椅面，再包覆黏貼④椅面邊條。

2

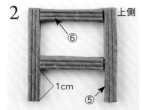

分別將⑤椅腳與⑥椅腳橫檔每 3 片疊放黏合，⑤製作 4 組，⑥製作 8 組。如圖示在 2 組⑤之間嵌入黏貼 2 組⑥。製作 2 組。

3

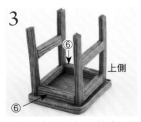

在 2 組步驟 2 之間對齊 2 組⑥，黏貼於椅面背面。

4

對齊黏貼餘下的 2 組⑥。

5

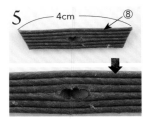

2 片⑧椅背黏合後，斜剪兩側。中央處使用孔徑 2mm 的打孔機打 3 個洞，製作鏤空花樣。

6

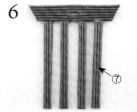

⑦椅背每 2 片疊放黏合，等間隔黏貼於步驟5的下緣。

7

將步驟6固定於椅面後緣，塗裝（生褐色／參照P.26）後即完成。

8

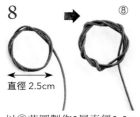

以⑨花圈製作 2 層直徑 2.5cm 的繩圈，再將餘下的紙藤全部纏繞上去。

9

以白膠黏貼固定止捲處。

10

將⑩・⑪花朵分割成 1 股寬，剪成細碎狀後混合。於花圈表面刷塗白膠，沾黏花朵。

11

完成花圈。

12

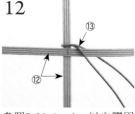

參照P.30-1・2，以白膠固定⑫軸繩的中央，再如圖掛上對摺的⑬編織繩。

13

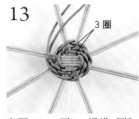

參照P.30-3至6，編織3圈為止。

14

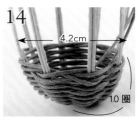

參照P.30-7至9，編織10圈為止。稍微在籃口施壓，塑造成橫長的橢圓形。

15

以P.30-10・11的要領，保留 2 條相對位置的⑫軸繩，並裁剪餘下的⑫・⑬。

16

預留的⑫依步驟15的箭頭指示，插入相鄰軸繩外側的編目後，黏貼固定。再貼上❷仿舊外文書與❺蕾絲。

17

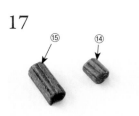

捲繞⑭瓶蓋・⑮瓶頸，以白膠黏貼固定。

18

步驟17的⑮保留0.5 cm，以⑯瓶身捲繞包覆後，將⑰瓶底黏貼在底側，沿邊緣裁去多餘部分。

19

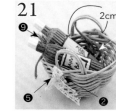

以美工刀切削⑯上緣，作出紅酒瓶形狀。在瓶頸前端黏貼瓶蓋。

20

在便條紙上隨意畫出酒標，黏貼即完成。

21

放入❽松蘿、❾苔蘚、紅酒瓶後即完成。

椅子
花束
花園

＊紙藤帶的裁剪片數
椅子（勿忘草）
①椅面　　　取12股　3cm×2片
②椅面　　　取12股　2.8cm×2片
③椅面　　　取2股　2.8cm×1片
④椅面邊條　取2股　13cm×1片
⑤椅腳　　　取3股　3cm×12片
⑥椅腳橫檔　取3股　2cm×12片
⑦拱型橫檔　取3股　4cm×4片
⑧椅背　　　取3股　10cm×2片
⑨椅背　　　取12股　2.6cm×1片

花束
⑩花朵　紫羅蘭／取12股　10cm×1片
⑪花朵　薰衣草／取12股　10cm×1片
⑫花莖　亞麻色／取12股　4cm×2片

＊副材料
❻寬0.5cm的蕾絲

1

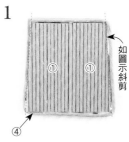

參照P.95-1至3，黏合①～③椅面，兩側如圖示斜剪2股寬的部分後，以④椅面邊條包覆截面黏貼1圈。

2

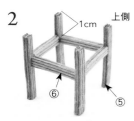

分別將⑤椅腳與⑥椅腳橫檔每3片疊放黏合，各製作4組，如圖示組合對齊後，黏貼固定。

3

將步驟2的上端與椅面背面，黏合固定。

4

將⑦拱形橫檔彎曲後嵌入椅腳之間，黏合所有接點。

5

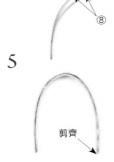

將2片⑧椅背邊端對齊，彎曲成拱形後黏合成2層，修齊止黏處邊端。

6

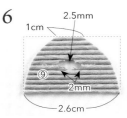

⑨椅背裁剪成圓頂狀，以打孔機打出中央2.5mm、左右2mm的孔洞，製作出鏤空花樣。

7

將步驟6嵌入步驟5內側，黏貼固定。

8

將步驟7固定於椅面後緣，塗裝（生褐色／參照P.26）後即完成。

9

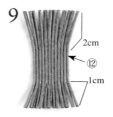

將2片⑫花莖的上端2cm和下端1cm，分割成1股寬。

10

捲繞1片步驟9，再疊放第2片捲成圓柱狀，黏貼固定。將⑩・⑪花朵分割成1股寬，剪成細碎狀後混合。稍微展開花莖的上下端，塗抹白膠後沾黏花朵。

11

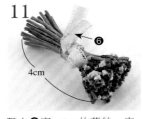

繫上❻寬0.5cm的蕾絲，完成花束。

❀ 薔薇作法 ❀

例）＊紙藤帶的裁剪片數
①花朵　小梅／取1股　10cm×1片
②花莖　玉露／取1股　5cm×1片

1

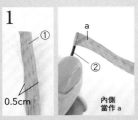

事先將①花朵展開成紙片狀（參照P.28），裁成1/3寬（0.5cm），在②花莖前端塗抹白膠後，捲繞①1次。

2

在a側稍離軸心的位置，塗抹少量白膠。

3

將a側往外側扭轉。此時的之間形成蓬滿寬鬆狀。

4

注意不要弄壞已扭好的摺山，如圖示旋轉花莖後，再次黏貼固定。

5

重複步驟3・4，一直捲至終端。薔薇花朵完成。

椅子
組合盆栽
花園

＊紙藤帶的裁剪片數

椅子

①椅面	鶯綠 ／取12股	3cm×	2片
②椅面	鶯綠 ／取12股	2.7cm×	2片
③椅面	鶯綠 ／取2股	2.7cm×	1片
④椅面邊條	鶯綠 ／取2股	12cm×	1片
⑤椅腳	薄荷綠／取3股	9cm×	6片
⑥椅腳	薄荷綠／取3股	3.5cm×	6片
⑦椅腳橫檔	薄荷綠／取3股	2cm×	24片
⑧椅背	鶯綠 ／取6股	2cm×	6片

組合盆栽

⑨盆身	亞麻色／取5股	7.5cm×	1片
⑩盆底	亞麻色／取12股	3cm×	1片
⑪盆底	亞麻色／取6股	3cm×	1片
⑫花朵	小雞 ／取12股	1cm×	3片
⑬花朵	白色 ／取12股	1cm×	1片

＊副材料

❼永生花（滿天星／粉綠色）
❾苔蘚

1

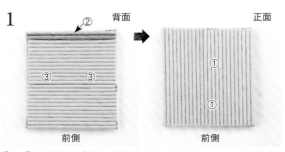

背面　　　　　正面
前側　　　　　前側

①～③椅面依照「縱・橫黏貼法」（參照P.29），黏合成2層。

2

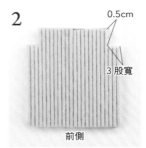

0.5cm
3股寬
前側

將椅面後緣兩側裁去3股寬×0.5㎝，前緣修剪邊角。

3

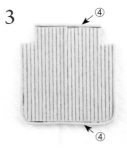

除步驟2裁去的凹角外，一邊裁剪④椅面邊條，一邊包覆黏貼4邊截面。

4

分別將⑤・⑥椅腳與⑦椅腳橫檔每3片疊放黏合。

5

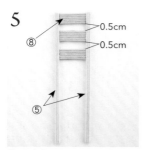

0.5cm
0.5cm

⑧椅背每2片疊放黏合，製作3組，如圖示以0.5cm的間隔黏貼於2組⑤之間。

6

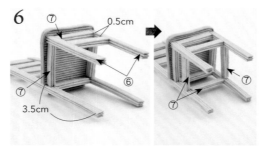

0.5cm
3.5cm

在距離⑤底端3.5cm處，嵌入步驟3椅面後緣的凹角，黏貼固定。在⑤・⑥之間的椅面背面，嵌入黏貼4組⑦。在間隔0.5cm的下方，組合黏貼餘下的4組⑦。

7

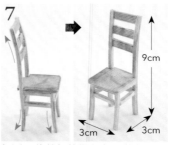

9cm
3cm　3cm

如圖示將前側椅腳往前、後側往後彎曲，椅背亦往後彎曲。塗裝（生褐色／參照P.26）後即完成。

8

⑫・⑬
0.5cm

分別將⑫・⑬花朵的上半部分割成1股寬，下半保留相連。

9

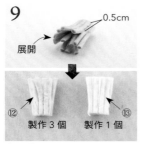

0.5cm
展開
⑫
⑬
製作3個　製作1個

⑫・⑬花朵的下半側塗抹白膠，捲成圓柱狀，展開上半段。

10

⑩
⑪

⑩・⑪盆底對齊黏貼（參照P.28）。

11

⑨
2.7cm

⑨盆身重疊0.5cm塗膠處黏貼成橢圓形，置於步驟10的盆底上方黏貼固定。

12

沿步驟11的橢圓剪去多餘的盆底。

13

花朵
❼
❾
2cm
3cm

在步驟12的花盆內塗抹白膠，黏貼少量的❾苔蘚，再放入步驟9的花朵及❼永生花，黏貼固定即完成。

❋ 12 椅子&滿天星的乾燥花束

椅子

花束

花園

＊紙藤帶的裁剪片數

椅子（雨蛙色）
- ① 椅面　　　取 12 股　　2.8 cm × 2 片
- ② 椅面　　　取 2 股　　2.8 cm × 1 片
- ③ 椅面　　　取 12 股　　3 cm × 2 片
- ④ 椅面邊條　取 2 股　　13 cm × 1 片
- ⑤ 椅腳　　　取 3 股　　3 cm × 12 片
- ⑥ 椅腳橫檔　取 2 股　　2 cm × 36 片
- ⑦ 椅背　　　取 4 股　　5 cm × 4 片
- ⑧ 椅背　　　取 9 股　　2.1 cm × 1 片

＊副材料 ❶濾紙
- ❼永生花　長 5 cm 少量（滿天星／粉綠色）
- ❿麻線

1

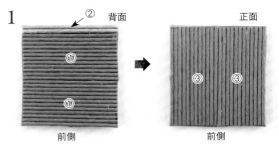

①～③椅面依照「縱・橫黏貼法」（參照P.29），黏合成2層。

2

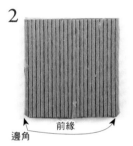

修剪步驟1的前緣邊角。

3

以④椅面邊條包覆黏貼步驟2的截面1圈。

4

分別將⑤椅腳・⑥椅腳橫檔每3片疊放黏合。

5

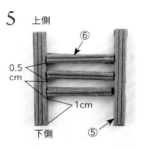

在2組⑤之間，等間隔組合黏貼3組⑥。製作2組。

6

2組步驟5平行放置，兩側分別嵌入3組⑥，對齊黏貼。

7

將步驟6的上端與椅面背面，黏合固定。

8

⑦椅背每2片疊放黏合，修剪頂端邊角。製作2組。

9

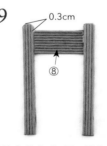

⑧椅背黏合成2層，嵌入步驟8的2組之間，黏貼固定。

10

步驟9配合椅面的寬幅，以白膠黏合固定，塗裝（生褐色／參照P.26）後即完成。

11

將❼永生花整理成束，以白膠固定根部。❶濾紙撕成約6cm平方的大小包裝花束，再綁上❿麻線。

★續 P.96

7

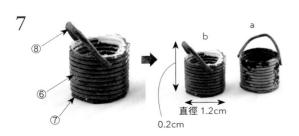

油漆桶是將⑥桶身重疊0.5cm黏貼成環狀，貼合⑦桶底後，沿邊緣剪去多餘部分。黏貼⑧提把，塗裝（白色・生褐色／參照P.26）後即完成。

8

9

油漆刷是先修剪2片⑩刷頭及⑪刷柄上側的邊角，將⑨刷毛包夾在⑩之間後，黏貼固定，再接合⑪。塗裝（白色・生褐色／參照P.26）後即完成。

10

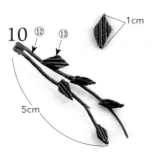

長春藤是將⑬葉子剪成葉片狀，再平均黏貼在⑫花莖上。

❋ 14 椅子＆組合盆栽

椅子
組合盆栽
花園

＊紙藤帶的裁剪片數
椅子（紫羅蘭）
①椅面　　取12股　　 3 cm × 2 片
②椅面　　取12股　 2.8 cm × 2 片
③椅面　　取 2 股　 2.8 cm × 1 片
④椅面邊條　 2 股　 12 cm × 1 片
⑤椅腳　　取 3 股　 3.5 cm ×12片
⑥椅腳橫檔　取 3 股　 2 cm ×15片
⑦椅背　　取 2 股　 9.5 cm × 2 片
⑧椅背　　取 2 股　 4 cm × 6 片
盆栽（同 P.94 盆栽／亞麻色）
＊副材料
❼永生花（滿天星／白色、粉綠色）
❾苔蘚

1
背面③　　　　正面

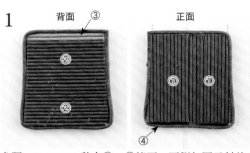

參照P.95-1・2，黏合①～③椅面，兩側如圖示斜剪2股寬的部分後，以④椅面邊條包覆截面黏貼1圈。

2

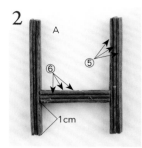

分別將⑤椅腳・⑥椅腳橫檔每3片疊放黏合。如圖示在2組⑤之間嵌入1組⑥，黏貼固定。製作2組，以此為A。

3

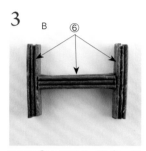

在2組⑥之間嵌入1組⑥，黏貼固定。以此為B。

4

在步驟1的椅面背面，黏貼2組A的上側，再嵌入對齊B，接合固定。

5

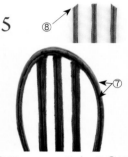

參照P.93-5，貼合2片⑦椅背製作成2層的拱形。⑧椅背每2片疊放黏合，左右兩組依拱形斜裁後，與⑦內側黏合。

6

步驟5下端修剪整齊，塗抹白膠，固定於椅面後緣。塗裝（生褐色／參照P.26）後即完成。

7

將❼永生花、❾苔蘚適當地放入花盆中，黏貼固定即完成。

❋ 15 A字梯與油漆桶・油漆刷・長春藤

油漆桶
A字梯
長春藤
油漆刷
花園
油漆刷
油漆桶

＊紙藤帶的裁剪片數
梯子（螢火蟲）
①立桿　　取 3 股　 8.2 cm ×12片
②踏桿　　取 3 股　 2.5 cm ×24片
③頂板　　取 7 股　 3.3 cm × 1 片
④連桿　　取 4 股　 2 cm × 2 片
⑤踏板　　取12股　 2.5 cm × 3 片
油漆桶與油漆刷
⑥桶身　a 亞麻色　b 煤灰／取10股　5cm × 1 片
⑦桶底　a 亞麻色　b 煤灰／取12股　2cm × 1 片
⑧提把　a・b 煤灰　　　／取 1 股　3cm × 1 片
⑨刷毛　a・b 白色　　　／取 7 股　1cm × 1 片
⑩刷頭　a 亞麻色　b 白銀／取 3 股　2cm × 2 片
⑪刷柄　a 亞麻色　b 白銀／取 2 股　2cm × 1 片

長春藤（萌黃）
⑫花莖　　取 1 股　 5 cm × 2 片
⑬葉子　　取 4 股　 1 cm × 5 片

1

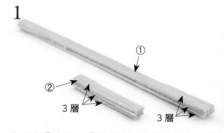

分別將①立桿・②踏桿每3片疊放黏合，①製作4組，②製作8組。

2

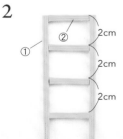

在2組①之間，等間隔嵌入4組②，對齊貼合。製作2組。

3

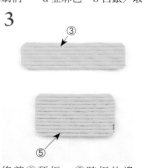

修剪③頂板・⑤踏板的邊角。

4

步驟 2 的2組架體頂端對齊黏貼，再放上③頂板貼合，④連桿對齊最下方的②，分別黏貼在兩側。

5

將步驟3的⑤黏在②的上方。

6

黏貼餘下的⑤，塗裝（白色・生褐色／參照P.26）後即完成。

國家圖書館出版品預行編目資料

紙藤帶的微縮世界：法式新懷舊娃娃屋/村田美穗著；
彭小玲譯. -- 初版. -- 新北市：雅書堂文化事業有限公司, 2024.06
　　面；　公分. -- (Fun手作；152)
ISBN 978-986-302-716-4(平裝)

1.CST: 編織 2.CST: 手工藝

426.4　　　　　　　　　　　　　　　113006647

＊材料提供

蛙屋株式会社
〒 417-0001
靜岡縣富山市今泉 450
http://kaeruya-band.net/

＊日文版 STAFF

編輯　石原絹子（amuru）
編輯 STAFF　荻野汐里
攝影　島田佳奈（情境）
　　　腰塚良彥（步驟）
書籍設計　紫垣和江
作法校閱　amuru

FUN手作　152

紙藤帶的微縮世界
法式新懷舊娃娃屋

....

作　　者／村田美穗
譯　　者／彭小玲
發 行 人／詹慶和
執行編輯／詹凱雲
特約編輯／蔡毓玲
編　　輯／劉蕙寧‧黃璟安‧陳姿伶
執行美編／陳麗娜
美術編輯／周盈汝‧韓欣恬
出 版 者／雅書堂文化事業有限公司
發 行 者／雅書堂文化事業有限公司
郵政劃撥帳號／18225950
郵政劃撥戶名／雅書堂文化事業有限公司
地　　址／220新北市板橋區板新路206號3樓
電　　話／(02)8952-4078
傳　　真／(02)8952-4084
網　　址／www.elegantbooks.com.tw
電子郵件／elegant.books@msa.hinet.net

....

2024年06月初版一刷　定價480元

....

Lady Boutique Series No. 8277
KAMI BAND DE TANOSHIKU MINIATURE NO SEKAI
©2022 Boutique-sha, Inc.
All rights reserved.
Original Japanese edition published in Japan by BOUTIQUE-SHA.
Chinese (in complex character) translation rights arranged with BOUTIQUE-SHA
through Keio Cultural Enterprise Co., Ltd., New Taipei City, Taiwan.

....

經銷／易可數位行銷股份有限公司
地址／新北市新店區寶橋路235巷6弄3號5樓
電話／(02)8911-0825
傳真／(02)8911-0801

....